“十四五”高等职业教育计算机类专业系列教材

Web前端开发基础创新实践教程

张 毅 张绛丽◎编著

中国铁道出版社有限公司
CHINA RAILWAY PUBLISHING HOUSE CO., LTD.

内 容 简 介

本书涵盖Web前端开发的基础知识，将知识点融合到具体案例中，组成完整的案例知识体系，充分体现实践性；融入课程思政案例和创新案例，提炼对应知识点的应用妙招；将“互联网+”创新创业的知识与专业知识融合，体现了专创融合的特色，是一本重在应用、融合思政、着重能力培养的高等院校教材。

全书分Web基础、创新应用基础、JavaScript编程基础三大部分共八个模块，主要讲解Web相关基本概念、Web工作原理，以及HTML、CSS、JavaScript的基本理论知识和技术应用，并提供了大量应用实例。每个模块配套的习题与“1+X”Web前端开发认证相关知识相对应。

本书适合作为应用型本科院校软件技术相关专业教材，也可作为高职、中职相关专业教材，亦可作为“1+X”Web前端开发认证的配套学习教材、对Web前端开发感兴趣的读者的自学教材，以及前端开发人员、教育培训机构人员的培训教材。

图书在版编目（CIP）数据

Web前端开发基础创新实践教程 / 张毅，张绛丽编著. 北京 ：中国铁道出版社有限公司，2025. 4. --（“十四五”高等职业教育计算机类专业系列教材）. -- ISBN 978-7-113-30994-7

Ⅰ. TP393.092.2

中国国家版本馆CIP数据核字第2025N6V923号

书　　名：Web前端开发基础创新实践教程
作　　者：张　毅　张绛丽

策　　划：唐　旭　　　　编辑部电话：（010）51873090
责任编辑：刘丽丽
封面设计：刘　颖
责任校对：苗　丹
责任印制：赵星辰

出版发行：中国铁道出版社有限公司（100054，北京市西城区右安门西街8号）
网　　址：https://www.tdpress.com/51eds
印　　刷：河北宝昌佳彩印刷有限公司
版　　次：2025年4月第1版　2025年4月第1次印刷
开　　本：787 mm×1 092 mm　1/16　印张：13　字数：325千
书　　号：ISBN 978-7-113-30994-7
定　　价：49.00元

前言

在“互联网+”大浪潮的时代背景下，传统行业都在推进信息化改革，用户对互联网项目个性化、多样化的需求与日俱增，因此互联网产品的用户体验感受到高度重视，前端开发工程师的就业市场越来越广阔。

在此背景下，本书以案例为依托，涵盖前端开发岗位必需的基础知识，帮助读者快速进入前端开发领域。本书是一本形式创新、重在应用、融合思政、专创融合、着重能力培养的教材，主要讲解Web相关基本概念、Web工作原理，以及HTML、CSS、JavaScript的基本理论知识和技术应用。

本书特色体现在五个方面：第一，提炼各模块对应的理论知识点，再将理论知识融合到实际案例中去，不但呈现了完整的理论知识体系，还锻炼了读者的实际应用能力；第二，在每个实践任务之后，根据真实项目经验提炼了对应的妙招，以帮助读者掌握要点，提升技能；第三，在编写中结合了课程思政案例和创新案例，以利于师生实施课堂教学改革时融入思政和创新元素，为课堂增光增色；第四，将“互联网+”创新创业的知识与专业知识结合，体现了专创融合的特色，帮助学生开展创新创业实践；第五，选择与“1+X”Web前端开发认证相对应的题目作为练习题，帮助学生了解“1+X”考证相关知识及题目类型。

本书内容共分为三大部分，包含八个模块。第一部分（模块一～三）为Web基础，介绍Web的原理及其相关概念、HTML的基础标签、CSS样式的基本应用、列表标签、结构元素、HTML5新增语义标签、table标签的现实应用、盒子模型。第二部分（模块四～六）为创新应用基础，讲解使用CSS3实现圆角、渐变和阴影效果，实现2D和3D变换效果，Flex布局技术，瀑布流布局方法，表单、音频和视频标签的应用，画布（Canvas）标签的使用，以及图标库Font Awesome框架的应用。第三部分（模块七～八）为JavaScript编程基础，包括JavaScript语法基础、数据结构、条件和循环语句、函数、字符串操作、常用对象、文档元素操作、节点操作、浏览器对象模型。

本书适合作为应用型本科院校软件技术等专业教材，也可作为高职、中职相关专业教材，亦可作为“1+X”Web 前端开发认证的配套学习教材、对 Web 前端开发感兴趣的读者的自学教材，以及前端开发人员、教育培训机构人员的培训教材。

本书由张毅、张绛丽编著，其中张毅负责模块一～模块六的编写，张绛丽负责模块七、模块八的编写。全书由张毅负责统稿和校订。广州创源信息科技有限公司提供了部分案例素材，编者对此表示衷心的感谢。

由于编者水平有限，编写过程中难免有疏漏和错误之处，欢迎广大同行和读者批评指正。

编　者

2025 年 1 月

目 录

第一部分 Web基础

第二部分 创新应用基础

第三部分 JavaScript 编程基础

第一部分

Web基础

- Web基础
  - 模块一 认识前端开发
    - 制作第一个Web页面
    - 制作通知页面
    - 制作商品信息页面
    - 网上商城页面导航设计
  - 模块二 HTML5页面元素
    - 制作导航栏
    - 制作学院简介页面
    - HTML5语义标签的综合使用
    - 制作股票信息表
  - 模块三 CSS基础应用
    - 制作艺术文本页面
    - 制作理学部导航模块
    - 学部导航页面整体布局

模块一 认识前端开发

学习目标

◎理解URL、HTTP、服务器及浏览器的基本概念及Web服务的工作原理；
◎了解HTML的发展历程；
◎掌握HTML基础标签的格式、语法及基本应用；
◎掌握CSS的基本概念、语法及引入方式；
◎理解CSS的选择器的种类，掌握基础选择器的使用；
◎理解图像的基本要素，掌握图像标签及属性的使用；
◎掌握超链接标签、属性及链接伪类的应用；
◎了解常用的开发工具，熟练掌握一种开发工具。

单元一　制作第一个 Web 页面

1.1.1　网站的基本知识

1. 网页与网站

（1）网页

当用户在浏览器中输入一个网址或者单击某个链接，就可以在浏览器里看到排列有序的文字、图片、动画、音频、视频等内容。而承载这些内容的就是网页。网页实际上是一个文件，经由网址来识别与存取。

（2）网站

网页中包含许多超链接。超链接可以将一个页面链接到另一个页面，从而构成互联网的纵横交织结构。通过超链接连接起来的一系列逻辑上可以视为一个整体的页面集合就称为网站。

网站通常被托管（存储）在Internet上的某一台服务器上，如图1-1所示。与普通计算机不同，服务器具有高稳定性、高并发性和高扩展性的特征。

图 1-1　服务器

服务器需存放在恒温、恒湿、防尘、供电稳定的机房（见图1-2）中，要长时间持续运行，才能随时为用户提供访问网站的服务。

图 1-2　服务器机房

（3）网站的类型

网站根据功能不同可分为不同类型，例如：

①企业网站：主要用于企业在互联网上进行形象宣传，可以在上面添加企业简介、最新资讯、招聘信息等，将公司的实力展现在用户面前，从而起到宣传推广的作用。

②电子商务网站：主要面向消费群体，以服务和交易为主。

③地方门户网站：主要提供搜索引擎服务、新闻资讯、邮件服务、博客、热门资讯、娱乐新闻等综合性的内容。

④资讯类网站：主要提供某个行业的相关资讯。

⑤娱乐类网站：主要提供音乐、视频、游戏等休闲娱乐项目。

在所有网站中，都有一个“首页”。首页是浏览者输入某网站的网址后所见的第一个页面。它如同一本书的目录，使访问者能够全面了解网站的主要内容，所以也称其为网站的“主页”。首页的名称一般统一为index.html或default.html。图1-3所示为“视觉中国”网站的首页。

图 1-3　“视觉中国”网站首页

2. Web服务工作流程

Web服务在本质上是请求（request）服务与响应（response）服务，其工作流程如图1-4所示。

网络用户上网的设备通常称为“客户端”，可以是计算机、手机等。客户端上安装的浏览器（如Microsoft Edge、Firefox、Chrome、OperA、Safari等）向网站服务器发送请求。网站服务器接收到请求后，对请求中包含的信息进行解析，把处理的结果以响应的形式返回给浏览器。返回的数据包含超文本标记语言（hypertext markup language, HTML）结构、文本、图像、串联样式表（cascading style sheets, CSS）、脚本（如JavaScript）及其他媒体等资源。最后浏览器解析返回的数据包，并将其渲染成一个可视化的界面，就是用户所看到的网页。

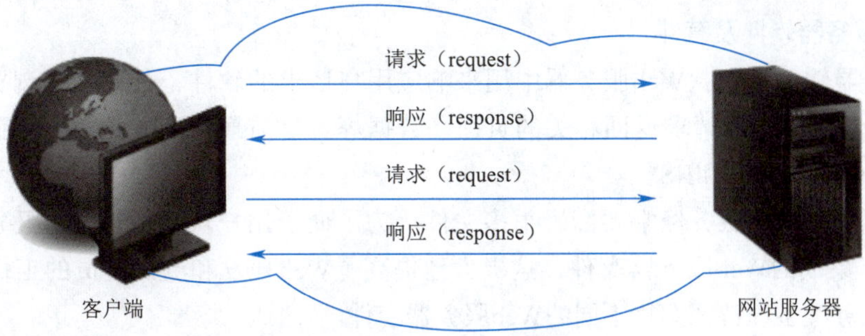

图 1-4　Web 服务工作流程

3. 统一资源定位符

统一资源定位符（uniform resource locator, URL）是WWW的统一资源定位标志。简单地说，URL就是Web地址，俗称“网址”，是用来描述Internet上某一个资源所在位置的一个字符串。资源可以是Internet上的一张图片、一个视频或者其他形式的资源。计算机至少可以从URL中得到两个信息：资源所在的服务器的地址和资源在服务器上的存放路径。

URL由协议、域名、端口、资源路径及查询参数的组成，格式如下：

```
protocol://[host.]domain[:port][/context][/resource][?query string]
```

其中只有协议和域名是必需的，其他都是可选的。

4. HTTP

HTTP（hypertext transfer protocol，即超文本传送协议）是一种详细规定了浏览器和服务器之间互相通信的规则。具体来讲，HTTP是一种计算机之间传输数据所遵循的协议。这里所说的协议其实是一种数据封装的规范。计算机会把要传输的数据封装成一个“数据包”。协议规定了这个“数据包”里应该有些什么信息，这些信息分别应该放在什么位置，只有遵循该协议的服务器或者浏览器才能根据协议对文件进行解释。

HTTP的工作原理是：当用户在浏览器地址栏输入一个URL网址时，浏览器就会给对应的服务器发送一个HTTP请求。对应的服务器收到这个请求之后，经过计算处理，就会返回一个HTTP 响应。用户访问一个网站时，可能涉及不止一次的 HTTP 请求和响应的交互过程。

HTTP有以下四个特点：

①简单快速：客户向服务器请求服务时，只需传送请求方法和路径。由于HTTP简单，使得HTTP服务器的程序规模小，因而通信速度很快。

②灵活：HTTP允许传输任意类型的数据对象。正在传输的类型由Content-Type加以标记。

③持续连接：只要客户端与服务器任意一端没有明确提出断开连接，则保持TCP连接状态。在HTTP 0.9和1.0时使用的是非持续连接，每次连接只处理一个请求。服务器处理完客户的请求，并收到客户的应答后，即断开连接。HTTP 1.1使用持续连接，不必为每个Web对象创建一个新的连接。一个连接可以传送多个对象，采用这种方式可以节省传输时间。

④无状态：HTTP是无状态协议。无状态是指对于事务处理没有记忆能力，即用户给服务器发送HTTP请求后，服务器根据请求，返回响应信息，但服务器不会记录任何信息，这意味着如果用户的下一次请求需要上一次请求的信息，则服务器必须重传，这可能导致每次传送的数据量变大，造成应答时间过长。解决无状态的常用方法是采用Cookie和Session来记录用户的状态。

5. Web服务器软件及套件

Web服务器软件是一款Web服务器中用来响应用户请求的软件，可以接受浏览器等Web客户端的HTTP请求并根据请求返回相关的页面、数据等。目前最主流的几款Web服务器软件是Apache、Tomcat、Nginx和IIS。

搭建一个完整Web服务经常要配置很多文件。为了便于用户快速搭建Web服务，一些组织或个人开发了集成的Web服务器套件，这极大地提高了Web开发和测试人员的工作效率。开发者可以根据服务类型和特征选择不同的Web服务器套件。

常见的Web服务器套件如下：

①USBWebserver：可以让用户快速搭建PHP Version、Apache、PHPMyAdmin、MySQL。

②The Uniform Server：是一个WAMP包，运行于Windows平台。该套件集成了Apache2、Perl5、PHP5、MySQL5、PHPMyAdmin。

③Apache Friends：该套件搭建的环境是XAMPP，集成了MySQL、PHP、Perl以及Apache发行版。XAMPP非常容易安装和使用，只需下载、解压缩、启动即可。

④PHPnow：是一款国产的Web服务器套件，集成了Apache + PHP + MySQL 环境套件包。它安装简单，能快速搭建支持虚拟主机的PHP环境。

⑤WampServer：是Windows Apache MySQL PHP集成安装环境，即在Windows下的Apache、PHP和MySQL的服务器软件，所以它提供了不同的Apache、PHP、MySQL版本，方便测试员测试不同版本间的差别。

6. 网页浏览器

网页浏览器（web browser）简称为浏览器，是一种用于检索并展示万维网信息资源的应用程序。蒂姆·伯纳斯·李于1990年发明了第一个网页浏览器World Wide Web。如今，浏览器的种类很多，常见主流的浏览器包括IE（Internet Explorer）、Google Chrome、Firefox、OperA、Safari、Microsoft Edge等，其图标如图1-5所示。

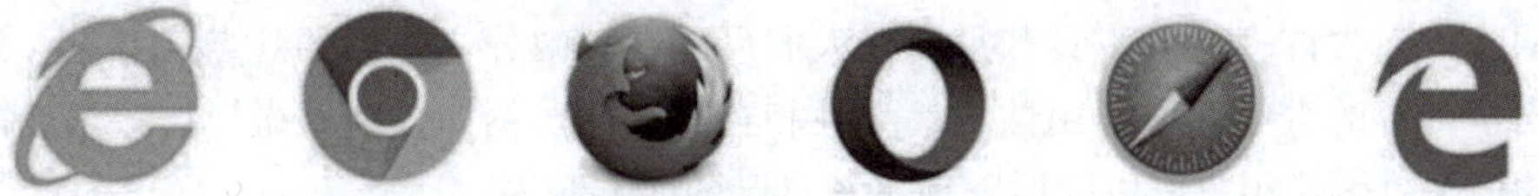

图 1-5　主流浏览器图标

各种类型浏览器的主要区别在于它们的内核不同。浏览器内核也称“渲染引擎”，用来解释网页语法并渲染到网页上，决定了浏览器该如何显示网页内容以及页面的格式信息。常见的浏览器内核主要包括Trident、Blink、Gecko、Webkit、Presto。

①Trident内核：俗称IE内核，是微软公司于1995年推出的Internet Explorer浏览器的默认渲染引擎。Trident内核是非开源项目，只能用于Windows平台。微软公司于2015年停止维护Trident内核，但它仍然是互联网历史上最重要的浏览器引擎之一。

②Blink内核：是由Google开发的浏览器渲染引擎，最初是从Webkit渲染引擎中分离出来的，是Google Chrome浏览器的默认渲染引擎。因为Blink内核是一个开源项目，也被许多其他浏览器所采用，如Opera浏览器、Microsoft Edge浏览器等。

③Gecko内核：是一个开源项目，属于跨平台内核，可以在Windows、BSD、Linux和Mac OS X中使用。Gecko是Mozilla Firefox浏览器的核心渲染引擎。

④WebKit内核：是苹果公司推出的开源项目，被用于Safari浏览器，也被其他浏览器所采用，如Chrome浏览器最初就是采用Webkit作为内核。

⑤Presto内核：是Opera浏览器的主要引擎。Opera在2013年切换到WebKit引擎，当前采用Blink引擎。

小贴士： 国产浏览器多是采用Trident和Blink双内核引擎，如360浏览器、搜狗浏览器、QQ浏览器、百度浏览器、傲游浏览器、猎豹浏览器等。

7. Web技术的发展

随着Web技术的发展，互联网的范式不断迭代升级，从只有静态网页的Web 1.0到用户直接交互的Web 2.0，再到用户自主控制数据的Web 3.0。Web技术发展的各个阶段所具备的特点及相关技术见表1-1。

表 1-1　Web 技术的发展阶段

阶段	提出年份	提出者	属性及特点	典型应用	相关核心技术
Web 1.0	1991	蒂姆·伯纳斯·李（Tim Berners Lee）	信息展示、功能单一	网景、雅虎、新浪	数据存储、处理、传输
Web 2.0	2004	达西·迪努奇（Darcy DiNucci）和蒂姆·奥莱利（Tim O'Reilly）	内容创造与交互（中心化）	微信、微博、抖音	大数据、云计算
Web 3.0	2014	加文·伍德（Gavin Wood）	用户自己创造和自己掌握数据（去中心化）	比特币、以太坊、NEF	区块链技术、人工智能、边缘计算

Web 1.0是“只读”的信息展示平台，是万维网革命的第一阶段，通常称为只读网络。Web 1.0时期的网站是由静态网页构成，内容以单向传播为主，用户只能被动地获取信息。Web 1.0时期的网站主要是门户网站、在线新闻、电子商务网站等，用户主要通过搜索引擎来查找他们需要的信息，并通过网站提供的联系方式来与网站所有者进行沟通。

Web 2.0是“互动”的内容生产网络，是万维网革命的第二阶段，通常称为参与式网络或社交网络。网络中包含许多在线工具和平台，人们可以在其中分享他们的观点、意见、想法和经验，它突出了内容的生成性、易用性、参与性和互操作性。例如，新浪微博用户可以随时随地发表自己的博文；微信用户可以随时随地更新自己的朋友圈等。

Web 3.0是“去中心”的互联网，是未来互联网的发展方向，通过区块链技术和其他分布式技术创建一个更加安全、隐私和自治的互联网。Web 2.0是建立在中心化服务器上，由少数几家大型企业控制。而Web 3.0则是建立在去中心化的区块链技术之上，这使得用户能够通过点对点连接而不需要中介。这意味着Web 3.0将使用户能够更好地掌控自己的数据和数字身份。采用去中心化的模式后，用户的所有数据都是通过钱包/私钥来控制的，这时数据的所有权属于用户自己，而不是平台方。在Web 3.0中平台方变成了一个个去中心化应用程序（decentralized applications, DAPP），它们通过区块链上现有的基础协议和功能来搭建属于自己的应用平台。例如，在以太坊上智能合约使用EVM虚拟机，数据存储和交互使用swarm协议，信息的传递使用whisper协议。DAPP通过构建自己的激励代币ERC-20 token来实现整个应用的激励，从而避免了作恶的可能，也通过这种方式使得生态能够稳健运行。总之，Web 3.0将是一个不会依赖任何中心组织、完全由用户掌控的时代。它的到来将彻底打破现在科技巨头的垄断，改写当前数字经济的运行方式，并引发大量自下而上的创新。

8. 前端开发工程师及其岗位职责

前端开发工程师简称前端工程师、前端，是互联网时代软件产品研发中不可缺少的一个岗位角色。从狭义上讲，前端工程师使用 HTML、CSS、JavaScript 等专业技能和工具将产品UI设计稿实现成网站产品，涵盖用户PC端、移动端网页、处理视觉和交互问题。从广义上来讲，所有用户终端产品与视觉和交互有关的部分都是前端工程师的专业领域。

前端开发工程师基本岗位职责包括以下五点：

①快速理解产品经理输出的产品设计文档，了解客户实际需求。

②接受分配的开发任务，使用HTML5、CSS3、JavaScript等语言及jQuery、VUE、Bootstrap等前端框架按进度要求高质量完成前端代码开发工作。

③与后端开发配合完成产品功能调测。

④完成开发产生的bug修复工作。

⑤在一个或多个技术领域方向进行深入研究，形成技术沉淀。

1.1.2　任务实践——制作第一个Web页面

【任务背景】本任务完成第一个Web页面的制作。通过制作Web页面，学生可以了解前端开发的基础知识、前端开发的工具、前端开发需要掌握的技术、前端开发的基本流程及前端开发相关的工作所需的岗位能力等。

【任务要求】利用开发工具HbuilderX制作第一个Web页面。页面内容包括“第一个Web页面”“开启你的Web开发之路”。进入浏览器开发者工具，了解页面的结构。最终的页面效果如图1-6所示。

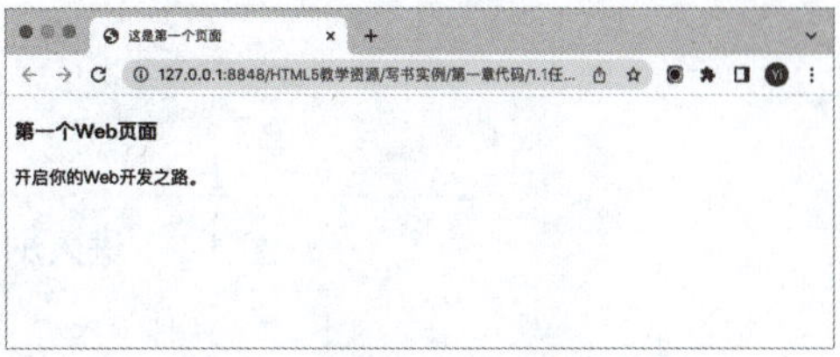

图 1-6　第一个 Web 页面效果

【任务实施】

1. 代码结构

本任务的具体结构代码如下：

```
<!DOCTYPE html>
<html>
    <head>
         <meta charset="utf-8">
         <title>这是第一个页面</title>
    </head>
    <body>
         <h3>第一个Web页面</h3>
         <p>开启你的Web开发之路。</p>
    </body>
</html>
```

【代码解析】上述代码的第一行是<!DOCTYPE html>，它是用来告知Web浏览器页面使用了HTML5的版本。<html></html>结构包括<head>部分和<body>部分。<head>部分包含<meta>和<title>标签。<meta>标签中包含页面的元信息，如声明处理页面的字符集、针对的搜索引擎、更新频度的描述、网站关键词等。<title>标签中定义文档的标题。此外，<head>中还可以包含脚本、样式、链接等其他信息。<body>标签包括页面中所要呈现的所有内容。

2. 浏览器开发者模式

右击页面空白处弹出快捷菜单，选择“检查”命令，或者按【F12】快捷键可以打开浏览器的开发工具，进入开发者模式，可以查看代码的结构、样式等信息，如图1-7所示。

3. 前端开发工具

在开发网页时，为了快速、高效地完成任务，通常会使用一些具有代码高亮显示、语法提示等便捷功能的前端开发工具。常用的Web前端开发工具有HBuilderX、Visual Studio Code、Dreamweaver、SublimeText、WebStorm等。除此之外，还有Notepad++、Atom等Web开发工具。

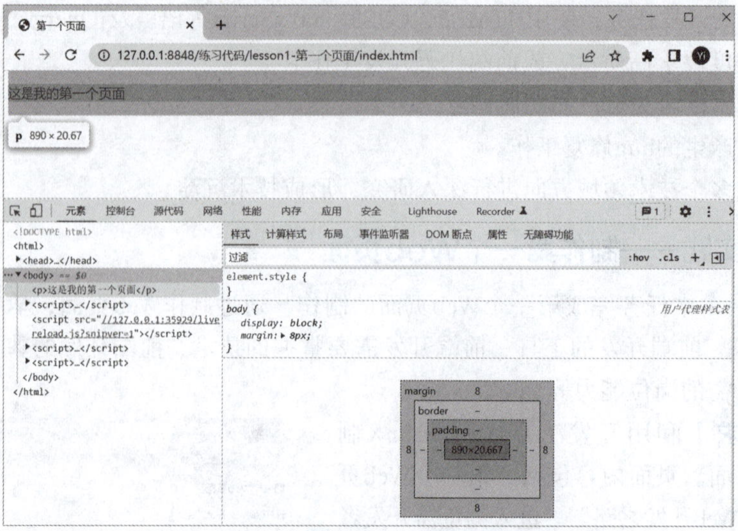

图 1-7　进入浏览器开发者模式查看代码结构

（1）HBuilderX

HBuilderX是DCLoud数字天堂（北京）网络技术有限公司推出的一款支持HTML5的Web开发的国产软件。轻巧、极速是HBuilderX的最大优势。它具有强大的语法提示，专为Vue打造，具有护眼的主题选择，可以大幅提升HTML、JavaScript的开发效率。

注意：Web 软件开发的诸多工具中绝大多数都是国外软件，而国产软件十分稀少，支持国产软件的发展，就要积极使用国产软件。为此，本书的案例开发全部采用 HbuilderX 作为开发工具。

（2）Visual Studio Code

Visual Studio Code简称VS Code，是微软公司于2015年推出的一款免费、开源、跨平台的集成开发环境，也是目前主流的开发工具之一，它支持多种编程语言的开发，包括C/C++、Java、Python、Go、JavaScript、TypeScript、Node.js等，拥有丰富的插件，具有编辑器内调试、语法高亮、智能代码补全、代码对比、移动开发等功能，

（3）Dreamweaver

Dreamweaver简称DW，是Adobe公司的一款集网页制作和管理网站于一身的所见即所得的网页代码编辑器。DW的主要特点是快速、灵活、所见即所得。借助经过简化的智能编码引擎，DW可以轻松地创建、编码和管理动态网站。通过访问代码提示，DW可以快速了解并编辑HTML、CSS和其他Web标准。此外，DW还可以使用视觉辅助功能减少错误并提高网站开发速度。

（4）Sublime Text

Sublime Text是一个代码编辑器，最早由程序员Jon Skinner于2008年1月开发出来。Sublime Text 的主要功能包括拼写检查、书签、Python API、Goto功能、即时项目切换、多选择、多窗口等。Sublime Text 是一个跨平台的编辑器，同时支持Windows、Linux、Mac OS X等操作系统。

（5）WebStorm

WebStorm是JetBrains公司推出的一款跨平台的Web开发工具，可以帮助用户轻松创建功能丰富的Web应用程序，并提供强大的编码支持及代码检查功能，支持各种JavaScript库和框架，

如Angular、React、Vue.js等，支持Node.js开发，支持TypeScript、CSS、HTML 等，可以让开发者更轻松地进行网站开发，以及更高效的代码编写，还可以提供调试功能帮助开发者调试代码，让开发人员能更快地完成开发任务。

素养园地

为什么要促进软件国产化？

习近平总书记指出，“只有把关键核心技术掌握在自己手中，才能从根本上保障国家经济安全、国防安全和其他安全。”可知国家提倡用自主创新加速推进软件国产化。

促进软件国产化不仅是推进国家软件行业发展的重要举措，也是支持国家经济发展的必然要求。软件国产化能够节约国家的购买成本，提高软件行业的竞争力，提升国家的技术水平，增强国家的经济实力，从而有效支撑国家的经济发展。

促进软件国产化还有助于提高国家的技术创新能力，推动国家软件行业的技术创新，推进软件行业的发展，从而推动国家软件行业的发展和提高其国际竞争力。

促进软件国产化对国家安全至关重要。通过自主研发和可控的信息技术体系，可减少对国外软件的依赖，降低后门漏洞、数据泄露和供应链攻击风险。此外国产软件更符合国内监管要求，可有效保障关键领域（如政务、金融、国防）的数据主权和系统安全，增强抵御外部网络威胁的能力，从而提升国家整体信息安全防护水平。

经验小贴士：

①浏览器的开发工具可以查看元素的结构，但不会提示 HTML 代码的语法错误，而对于 JavaScript 来说，开发者工具会有错误提示，是非常好的调试工具。

②除了浏览器的开发工具可以查看页面结构和样式以外，还可以借助浏览器插件来分析和修改代码，如 HTML Tree Generator 插件可辅助分析 HTML 的结构，Code Cola 插件可辅助调节 CSS 样式。

单元二　制作通知页面

1.2.1 HTML基础标签

视频

制作通知页面

1. HTML

HTML由W3C组织制定。W3C是万维网联盟（World Wide Web consortium）的简称，创建于1994年，是Web技术领域最具权威和影响力的国际中立性技术标准机构。除了HTML之外，与页面相关的CSS及ECMAScript等都是由W3C起草及发布。到目前为止，W3C已发布了200多项影响深远的Web技术标准及实施指南。从最初的非标准化的超文本标记语言诞生后，HTML已经更新了多个版本，其版本发展历程见表1-2。

表 1-2　HTML 版本发展历程

发布时间	版　本
1989	Tim Berners-Lee 发明万维网
1991	Tim Berners-Lee 制定 HTML 规范

续表

发布时间	版　本
1993	Dave Raggett 拟定了 HTML+
1995	HTML 工作组定义 HTML 2.0
1997	W3C 推荐标准：HTML 3.2
1999	W3C 推荐标准：HTML 4.01
2000	W3C 推荐标准：XHTML 1.0
2008	WHATWG（Web 超文本应用技术工作组）首次公开 HTML5
2012	WHATWG（Web 超文本应用技术工作组）制定 HTML5 标准
2014	W3C 推荐标准：HTML5
2016	W3C 候选推荐：HTML 5.1
2017	W3C 推荐：HTML 5.2
2018	W3C 发布 HTML 5.3 工作草案

HTML元素通过尖括号来包裹，称为“标记”或“标签”，如<html>、<b>等。通过这些标签来描述要显示的内容，浏览器通过识别标签来决定内容如何显示。标签有单标记和双标记之分，如双标记元素h1的开始部分为<h1>，结束部分</h1>。标签结束部分比开始部分多一个斜杠。HTML语言定义的标签中，大部分是双标记，少部分标签是不需要结束部分的单标记，如
。一个HTML的文件后缀名是html或htm。

2. HTML页面结构

完整的HTML页面结构由文档类型声明（DOCTYPE）和<html>标签两部分组成。<html>标签内又包含<head>和<body>两部分，如图1-8所示。

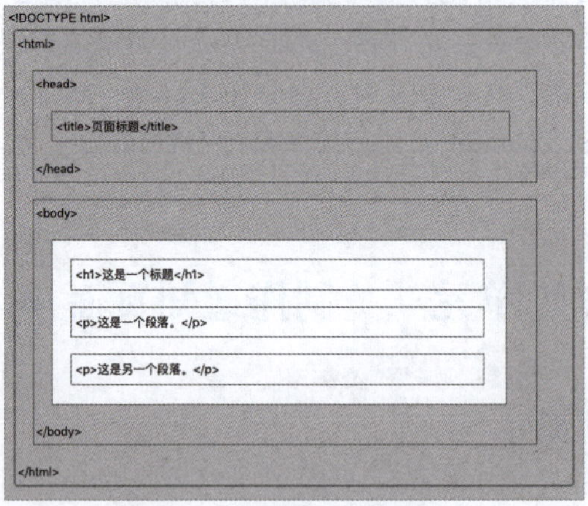

图 1-8　HTML 页面结构

（1）文档类型声明标签

HTML文档的顶部通常有文档类型声明的标签。该标签使得浏览器明确用什么版本的标准显示网页，不同版本的声明形式不同，如下：

①HTML5的版本声明为<!DOCTYPE html>。

②HTML 4.01的版本声明为<!DOCTYPE HTML PUBLIC "-//W3C//DTD HTML 4.01//EN" "http://www.w3.org/TR/html4/strict.dtd">。

③XHTML 1.0的版本声明为<!DOCTYPE html PUBLIC "-//W3C//DTD XHTML 1.0 Transitional//EN" "http://www.w3.org/TR/xhtml1/DTD/xhtml1-transitional.dtd">。

（2）<head>部分

该部分的<head>标签包含文档的元信息，如<meta charset="utf-8">定义网页编码格式为utf-8。<title>标签定义文档的标题。<head>部分还可以包含<style>样式、JavaScript脚本、外部样式引用等内容。

<meta>标签除常规的属性外，还有http-equiv属性和name属性，是非常有用的辅助性标签，如加入关键词被搜索引擎自动搜集，增加网站的曝光度及提高网站的排名，设定页面的格式及刷新等。

①http-equiv属性：相当于HTTP的文件头，可以向浏览器传回一些有用的信息，以帮助正确和精确地显示网页内容。<meta>标签的http-equiv属性语法格式如下：

```
<meta http-equiv="参数" content="参数变量值">
```

http-equiv属性的参数值及用法见表1-3。

表 1-3　<mate> 标签的 http-equiv 属性的参数值及用法

参数值	用　法	说　明
Set-Cookie	<meta http-equiv="Set-Cookie" content="cookie value=xxx; expires=Friday,12-Jan-2023 18:18:18 GMT; path=/">	如果网页过期，那么存盘的 Cookie 将被删除。必须使用 GMT 的时间格式
expires	<meta http-equiv='expires' content=' 时间 ' >	用于设定网页的到期时间
Refresh	<meta http-equiv="Refresh" content="5;URL">	告诉浏览器在 5 s 后跳转到 URL 网址
content-Type	<meta http-equiv="content-Type" content="text/html; charset= utf-8">	设定页面使用的字符集
Pragma	<meta http-equiv="Pragma" content="no-cache">	禁止浏览器从本地计算机的缓存中访问页面内容。访问者将无法脱机浏览
Window-target	<meta http-equiv="Window-target" content="_top">	用来防止别人在 iframe（框架）里调用自己的页面
X-UA-Compatible	<meta http-equiv='X-UA-Compatible' content='IE=edge, chrome=1'>	强制浏览器按照特定的版本标准进行渲染。但不支持 IE7 及以下版本。如果是 IE 浏览器就用最新的 IE 渲染；如果是双核浏览器就用 chrome 内核

②name属性：<meta>标签中的name属性主要用于定义网页的描述，从而便于搜索引擎机器人查找和分类信息。name属性的语法格式如下：

```
<meta name="参数" content="具体的参数值">
```

name属性的参数值及用法详细描述见表1-4。

表 1-4　<mate> 标签 name 属性的参数值及用法

参数值	用　法	说　明
viewport	<meta name="viewport" content="width=device-width, initial-scale=1, maximum-scale=1, user-scalable=no">	在移动设备浏览器上禁用缩放（zooming）功能，用户只能滚动屏幕
description	<meta name="description" content="">	告诉搜索引擎，当前页面的主要内容是什么
keywords	<meta name="keywords" content="">	告诉搜索引擎，当前页面的关键字
author	<meta name="author" content="">	告诉搜索引擎，标注网站作者
copyright	<meta name="copyright" content="">	标注网站的版权信息

（3）<body>部分

<body>标签定义文档的主体，即网页可见的页面内容，可以包含文本、图片、音频、视频

等各种内容。该标签的结束标志为</body>。

3. 文本标签

（1）标题标签

HTML用<h1>～<h6>这六个标签来定义正文标题：<h1>表示主标题，<h2>表示二级子标题，<h3>表示三级子标题，<h4>～<h6>字体的大小依次递减。

每个正文标题自成一段，示例代码如下：

```
<h1> 这是标题 1</h1>
<h2> 这是标题 2</h2>
<h3> 这是标题 3</h3>
<h4> 这是标题 4</h4>
<h5> 这是标题 5</h5>
<h6> 这是标题 6</h6>
```

示例代码中<h1>～<h6>各级标题显示的效果如图1-9所示。

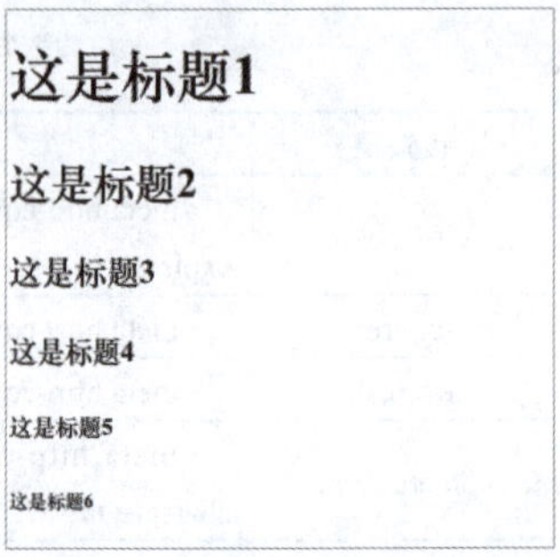

图 1-9　示例的标题显示效果

（2）HTML段落

HTML里用<p>和</p>划分段落。p是英文paragraph段落的缩写，经常被用来开启一个段落。与Word中的段落类似，网页中的段落也可以设置具体的行距、间距、对齐方式等格式。<p>标签的代码格式如下：

```
<p> 这是第一段 </p>
<p> 这是第二段 </p>
```

（3）换行标签

通过使用
标签，可以在不新建段落的情况下换行。在实际工作中，不建议用<p>实现换行。示例代码如下：

```
<p> 这是，<br> 一个美丽的，<br> 让人心旷神怡的沙漠绿洲。</p>
```

（4）横线标签

<hr>实现了在HTML文中加条横线。该横线可通过属性设置宽度，默认为居中对齐。该标签也是一个单标记，示例代码如下：

```
<hr width="200" align="left">
```

（5）强调标签

<em>是英文emphasize的前两个字母的简写，用于强调某些文字的重要性。文字显示为倾斜样式。示例代码如下：

```
<em> 绿水青山就是金山银山 </em>。
```

（6）重点标签

<strong>和<em>标签类似，用于强调文本，但它强调的程度更强一些。文本显示为加粗样式。示例代码如下：

```
<strong> 没有任何力量能够阻挡中国人民和中华民族的前进步伐 </strong>。
```

（7）无语义标签

<span>标签是没有语义，用于对文档中的行内元素进行组合。当需要将文本中的一部分或

者文档的一部分独立出来，并应用不同样式时，通过采用span标签来实现。示例代码如下：

```
<p> 考古实证，中华文明具有 5300 年历史，具有 <span style="color: red;">" 多元一体、
兼容并蓄、绵延不断 "</span> 的总体特征。</p>
```

（8）短文本引用标签

<q>标签是英文quote的首字母简写，用于对简短文字的引用，浏览器会自动为被引用的语句添加双引号。该标签通常与cite属性配套使用，规定引用的来源。示例代码如下：

```
<p> 马克思说：<q cite=" 来源于《资本论》"> 与其用华丽的外衣装饰自己，不如用知识武装自己。
</q></p>
```

（9）长文本引用标签

<blockquote>标签用于定义长的文本引用，与<q>标签类似，通常配套cite属性使用。该标签不会自动添加双引号，会对引用块进行缩进。示例代码如下：

```
<blockquote cite=" 来源《周易》">
 <p> 天行健，君子以自强不息。</p>
 <p> 地势坤，君子以厚德载物。</p>
</blockquote>
```

（10）引证标签

<cite>标签表示它所包含的文本对某个参考文献的引用，如书籍或者杂志的标题。<cite>标签中的文本将会以斜体显示。示例代码如下：

```
<p> 后悔过去，不如奋斗将来。—<cite>《致燕妮》卡尔·马克思 </cite></p>
```

（11）代码注释

在HTML文件里，可以对所写的代码进行注释，这样有助于自己和他人日后能够更好地理解所写的代码。注释写在<!--和-->之间，用户不会在浏览器的显示页面中看到注释。养成注释的良好习惯，可以起到事半功倍的效果。可使用快捷键【Ctrl+/】快速注释。格式如下：

```
<!-- 这是代码注释 -->
```

4. 常用格式标签

HTML定义了一些文本格式的标签。它们可以被直接使用，让文本呈现规定的样式，而不用再去写样式进行调整。常用文本格式标签见表1-5。

表 1-5　常用文本格式标签

标　签	描　述
<b>	粗体 bold，定义粗体文本
<i>	斜体 italic，定义斜体字
<small>	定义小号字，通常用来定义细则之类的次要信息
<sub>	定义下标字
<sup>	定义上标字
<ins>	定义插入字
<del>	定义删除字

常用格式标签示例代码如下：

```
<p><b> 曾梦想仗剑走天涯，</b></p>
```

```
<p><i>看一看世间的繁华。</i></p>
<p><small>一路</small>坚持，只为<small>在</small>最美<small>的</small>季节绽放。</p>
<p>水的分子式是H<sub>2</sub>O</p>
<p>氢离子(H<sup>+</sup>)是氢原子失去一个电子形成的阳离子</p>
<p>这是一个<del>有趣的</del> <ins>耐人寻味</ins>的故事。</p>
```

上述示例代码的页面效果如图1-10所示。

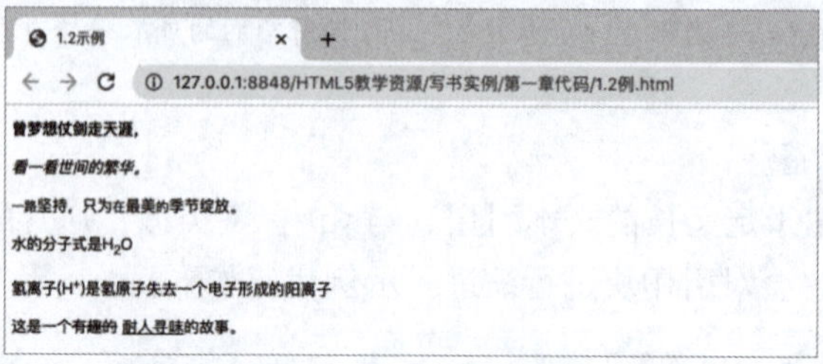

图 1-10 格式标签示例效果

5. 计算机输出标签

计算机输出标签用于定义计算机代码文本，详细描述见表1-6。

表 1-6 计算机输出标签

标 签	描 述
<code>	描述计算机代码
<kbd>	标记用户应该输入的提示
<samp>	用于指示程序或系统的示例输出
<var>	表示变量或占位符的值
<pre>	描述预格式文本，浏览器按输入时候的呈现格式，是计算机代码格式化的理性元素

计算机输出标签示例代码如下：

```
<p>一段计算机代码：<code> print("Hello World")</code></p>
<p>请敲<kbd>Enter</kbd>键确定</p>
<p>示例输出：<samp>恭喜你，答对了！！！</samp></p>
<p>变量：<var>a, b, c</var></p>
<pre>
    for(i = 0, s = 0; i <= 10; i++)
        s = s + i;
        print s;
</pre>
```

计算机输出标签示例代码效果如图1-11所示。

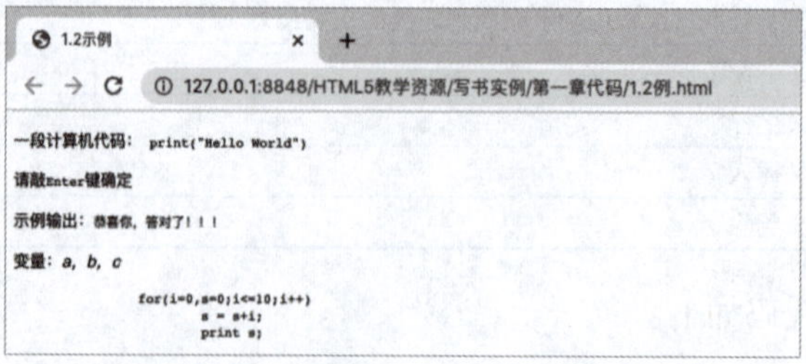

图 1-11 计算机输出标签示例效果

6. HTML定义标签

此类标签用于定义文本的功能和作用，如缩写、地址、文字方向的定义等，见表1-7。

表 1-7 定义标签

标 签	描 述
<abbr>	定义缩写
<address>	定义文档作者或拥有者的联系信息
<bdo>	定义文字方向，配合 dir 属性使用
<dfn>	定义术语，对文档中首次定义术语的地方进行标记

HTML定义标签示例代码如下：

```
<p><abbr title="China Central Television">CCTV</abbr> 是中国中央电视台的缩写 </p>
<address>
 本文作者 <a href="mailto:moyan@example.com"> 莫言 </a><br>
 TEL:13888888999<br>
 中国 北京 <br>
</address>
<p><bdo dir="rtl"> 有朋自远方来不亦说乎 </bdo></p>
<p><dfn> 因特网 </dfn> 是一个使用 Internet 协议套件 (TCP/IP) 为全球数十亿用户提供服务
的全球互联网络系统。</p>
```

HTML定义标签示例代码效果如图1-12所示。

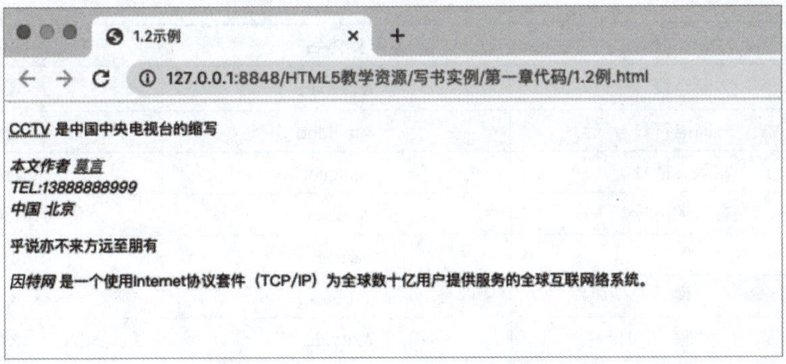

图 1-12 HTML 定义标签示例效果

7. HTML字符实体

有些字符在HTML里有特别的含义，如小于号（<）表示HTML标签的开始。这个小于号是不显示在最终看到的网页里的。那如果希望在网页中显示一个小于号，该怎么办呢？

这就要采用HTML字符实体（HTML character entities）了。一个字符实体分成三部分：第一部分是“&”符号；第二部分是实体（entity）名字或者是“#”加上实体编号；第三部分是一个分号，表示结束。如要显示小于号，可以采用字符实体“<”或者“<”。

用实体名字便于理解，lt即为less than的缩写。但是并非所有的浏览器都支持最新的实体名字。而实体编号很难记忆，但能被各种浏览器识别。

（1）空格实体

通常情况下，HTML会自动截去多余的空格。编辑页面时，不管输入时加多少空格，浏览器只能显示一个空格。为了在网页中增加空格，可以添加字符实体“ ”来实现。

（2）常用字符实体

最常用的字符实体有双引号、全角半角的空格、大于和小于符号、&符号、版权符号、注册商标、人民币符号等，详细描述见表1-8。

表 1-8 常用字符实体

字符	名 称	实体名	实体编号
"	双引号	"	"
&	& 符号	&	&
<	左尖括号（小于号）	<	<
>	右尖括号（大于号）	>	>
	空格		
	中文全角空格	&	
©	版权	©	©
®	注册商标 R	®	®
™	商标 TM	™	™
¥	元	¥	¥

（3）特殊字符实体

特殊字符实体包括双尖括号、乘号、除号、断竖线、千分号等，详细描述见表1-9。

表 1-9 特殊字符实体

字符	名 称	实体名	实体编号
¦	断竖线	¦	¦
·	间隔符	·	·
«	左双尖括号	«	«
»	右双尖括号	»	»
°	度	°	°
×	乘	×	×
÷	除	÷	÷
‰	千分号	‰	‰

字符实体示例代码如下：

```
<p>双引号：&quot; &#34;</p>
<p>& 符：&amp; &#38;</p>
<p>左右尖括号（小大于号）：&lt; &gt; &#60; &#62;</p>
<p>版权符：&copy; &#169;</p>
<p>注册商标：&reg; &#174;</p>
<p>商标：&trade; &#8482;</p>
<p>元：&yen; &#165;</p>
<p>断竖线：&brvbar; &#166;</p>
<p>间隔符：&middot; &#183;</p>
<p>左右双尖括号：&laquo; &raquo; &#171; &#187;</p>
<p>度：53°- 23&deg;=30 &#176;</p>
<p>乘除号：&times; &#215; &divide; &#247;</p>
<p>千分号：&permil; &#8240;</p>
```

字符实体示例代码效果如图1-13所示。

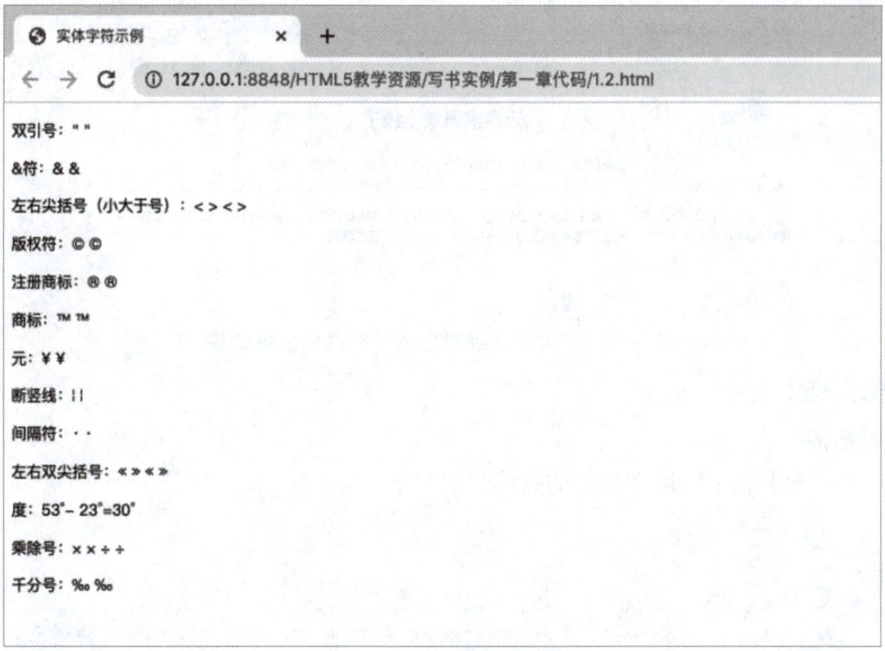

图 1-13　字符实体示例效果

8. <div>标签

<div>标签是HTML页面中常用的标签。div是division的简写，division意为分隔、区域、分组。<div>用来标记文档中的一个分隔区块或者一个区域部分。它常用于组合块级元素，以便通过CSS来对这些元素进行格式化和页面布局。

9. 标签的属性

HTML元素可以拥有属性。属性可以扩展HTML元素的能力。例如，使用一个bgcolor属性，使得页面的背景色成为红色，可以设置<body bgcolor="red">；将一个表格设成一个无边框的表格，可以设置<table border="0">。

属性通常由属性名和值成对出现，如name="value"。上段中提到的bgcolor、border就是属性名，red和0就是value。属性值一般用双引号标记起来。属性通常是附加给HTML的开始标签，而不是结束标签。不同标记的属性名称、属性数量不尽相同，在后续的内容中会涉及各种标记的属性。

1.2.2　任务实践——制作通知页面

【任务背景】通知页面是各种类型网站中经常出现的内容，主要用于向用户或公众通告一些信息。内容的呈现通常是一些文本内容。本任务完成“元宇宙课堂上线了”通知页面的制作。

【任务要求】“元宇宙课堂上线了”通知页面中包括标题、更新时间、通知来源及通知内容。标题为黑体加粗，居中显示。标题下方更新时间和通知来源居中显示，在来源“元宇宙工作室”的右上角添加版权图标©。正文前面用一条横线分隔开。正文首行空两格，首字大写，文中“元宇宙工作室”“VR/AR”文本需加粗，“开发游戏化教学……多种功能”红色突出显示。效果如图1-14所示。

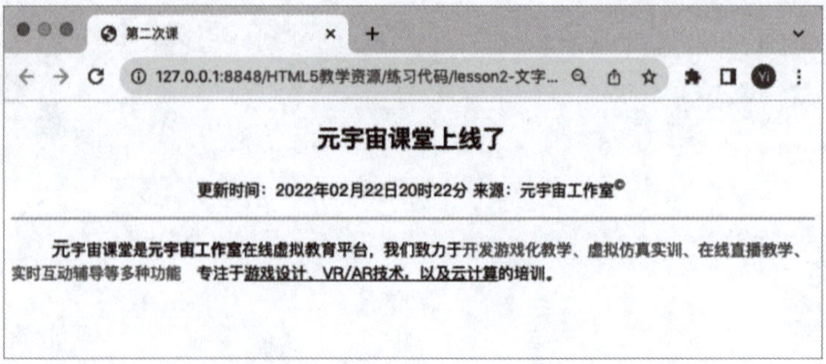

图 1-14　“元宇宙课堂上线了”通知页面效果

【任务实施】

1. 代码结构

“元宇宙课堂上线了”通知页面的具体代码如下：

```
    <body>
        <div>
            <h2 align="center">元宇宙课堂上线了</h2>
            <p align="center">更新时间：2022年02月22日20时22分 来源：元宇宙工作室
<sup>&copy;</sup></p>
            <hr size="2" color="#CCCCCC"/>
            <p>        <big>元</big>
宇宙课堂是<strong>元宇宙工作室</strong>在线虚拟教育平台，我们致力于<span style="color:
red;">开发游戏化教学、虚拟仿真实训、在线直播教学、实时互动辅导等多种功能</span>，专注于
<span style="text-decoration:underline;">游戏设计、VR/AR技术，以及云计算</span>
的培训。</p>
        </div>
    </body>
```

【代码解析】在<div>标签中，第一行用<h2>来标记标题“元宇宙课堂上线了”；第二行用<p>来标记更新时间以及来源，利用字符实体“©”为工作室加版权符号©；第三行利用<hr>标签添加分割线，设置其size属性为2，颜色为灰色。具体通知内容放到<p>标签内，并利用<big>标签将第一个字增大突出显示，利用<span>标签结合style属性实现了将关键语句文本格式设置为红色和重要词语添加下划线。

经验小贴士：

①通常标签属性具有与样式同样的作用，具有灵活的优势，但在项目中通常让结构和样式分离，一般很少使用标签的属性来设置样式，而是采用 CSS 来描述样式。

②标签的属性有专有和公有之分，如 class、id 属性属于公有属性，img 标签的 width 属于它的专有属性。有些属性规定样式，有些属性具有功能性的作用，如 <input type="text"> 中 type 属性规定了该表单为可输入文本的文本框。

③ HTML 元素从性质上分为块级元素和行内元素。块级元素很“霸道”，不允许自身的前后有其他元素，从而会占领从左到右的整行，如 <div>、<p>、<h1> 等。行内元素很“谦和”，只占元素中具体内容的范围，允许前后有其他元素，如 <span>、<em>、<strong> 等。

单元三　制作商品信息页面

1.3.1　图像与CSS基础

1. 图像

图像是页面中不可或缺的元素，有六个要素：格式、颜色、尺寸和分辨率、透明度、动画、文件大小。

视频
制作商品信息页面

（1）格式

图像格式是计算机存储图片的格式，常见的有BMP、JPEG、PNG、TIF、GIF、PCX、TGA、EXIF、FPX、SVG、PSD、CDR、PCD、DXF、UFO、EPS、AI、RAW、WMF、WebP、AVIF、APNG等。图像格式是Web设计人员必须考虑的要素，选择原则是质量最高同时文件最小的格式。

Web上应用最广泛的格式是JPG、GIF、PNG和WebP。

①JPG：是最常见的一种图像格式，文件后缀名为“.jpg”或“.jpeg”。它是一种有损压缩格式，能够将图像压缩在很小的储存空间，图像中重复或不重要的资料会被丢失，因此容易造成图像数据的损失。JPG通常用于保存彩色照片。

②GIF（graphics interchange format，图形交换格式）：是一种基于LZW算法的连续色调的有损压缩格式，其压缩率一般在50%左右。GIF支持透明度，支持动画，不属于任何应用程序，几乎所有相关软件都支持它。公共领域有大量的软件在使用GIF图像文件。

③PNG（portable network graphics，便携式网络图形）：是网上接受的较新图像文件格式。PNG能够提供长度比GIF小30%的无损压缩图像文件，支持透明度（alpha透明度）。它同时提供 24位和48位真彩色图像支持以及其他诸多技术性支持。

④WebP：是Google新推出的影像技术，可让网页图档有效进行压缩，同时又不影响图片格式兼容与实际清晰度，进而让整体网页下载速度加快。与JPEG相同，WebP是一种有损压缩利用预测编码技术，主要优势在于高效率，缺点在于压缩编码时间长。

（2）颜色

虽然显示器一般都可以显示百万计的颜色，但不同的格式支持颜色级数不同，如GIF和PNG-8只能支持256种颜色，在色彩层次丰富度上存在缺陷。一般对于照片之类的图像采用JGEG格式或WebP压缩更佳保真，而对于色彩相对单一的LOGO图片可选用PNG或者GIF进行压缩。

（3）尺寸和分辨率

数字图像以像素为单位进行度量。图片的尺寸（即物理宽度与高度）和分辨率（即单位长度内的像素数量）都是影响图片清晰度的因素。图片的像素数量可以通过将图片的尺寸与图片的分辨率相乘来计算得出。通常图片的尺寸和分辨率描述为“1 920 × 1 080的图片”，是指图片由横向上1 920个像素、纵向上1 080个像素（合计2 073 600个像素）构成。不同设备支持的分辨率不同，Web设计需考虑设备的屏幕大小和设备所限的下载速度。

（4）透明度

透明度对于Web设计十分重要，可以将一个图像置于另一个图像后面，叠加产生效果，也可以利用透明度创建非矩形的边缘。PNG、GIF和WebP都支持透明度，而JPG不支持。GIF不支持半透明，而PNG和WebP支持半透明。

(5) 动画

Web中的动画可以用很多方式实现，最简单的方式是插入一张动图。目前支持动画的图像格式有GIF、WebP、APNG和SVG等，其中GIF是网络动图的最佳选择。GIF能将多幅图像保存为一个图像文件，从而形成动画。

(6) 文件大小

图像越大，所需要的页面下载时间就更长，从而影响访问者的用户体验。图像压缩可以一定程度上减小文件大小。JPEG和WebP可以大幅度减少文件量，但它们属于有损压缩，还是会牺牲掉一些细节，不适合小图像。PNG和GIF是无损格式，可以保证质量的情况下压缩图像，拥有大片单色区域的图像适合这两种格式，如LOGO标志、矢量图、插图等。PNG的压缩质量比GIF更好。

2. 图像标签

(1) <img>标签

在页面中插入图像通常会用到<img>标签。它是单标签，没有闭合标签。<img>有两个默认的属性：src和alt。

①src属性：要在页面中显示图像，必须告知浏览器图像来源。src属性就是图像的源属性，属性的值是图像的URL地址。URL地址可以是本地路径，也可以是网络路径。

②alt属性：也是一个必需的属性，它规定在图像无法显示时的替代文本。

<img>标签的完整结构如下：

```
<img src="url"  alt="some_text">
```

除了src和alt属性外，<img>标签还有其他属性，见表1-10。

表 1-10　<img> 标签的其他属性

属性	值	描　述
width	像素值 / 百分比	规定图像的宽度。百分比是相对于浏览器的宽度
height	像素值 / 百分比	规定图像的高度。百分比是相对于浏览器的高度
loading	eager：立即加载 lazy：延迟加载	指定浏览器是应立即加载图像还是延迟加载图像
decoding	sync：同步解码图像，与其他内容一起显示。 async：异步解码图像，加快显示其他内容。 auto：默认模式，表示不偏好解码模式	浏览器使用何种方式解析图像数据
ismap	ismap	将图像规定为服务器端图像映射
usemap	#mapname	将图像定义为客户器端图像映射

<img>标签示例代码如下：

```
<img decoding="async" src="img/panda.png" alt="中国国宝熊猫" >
<img decoding="async" src="img/panda.png" alt="中国国宝熊猫" width="300"
height="200">
<img decoding="async" src="img/panda.png" alt="中国国宝熊猫" width="50%"
loading="lazy">
```

运行代码后的显示效果如图1-15所示。若不设定width的值，则默认为图片原本的宽度；当设置width为300，高度为200时，会以宽度300像素和高度200像素来显示图像；当宽度设置50%时，会以相对于父元素宽度的50%计算出图像的宽度（本案例父元素为body标签，即占整个浏览器可视宽度的50%），图像的高度会根据原本图像宽高比进行等比缩放。

图 1-15　<img> 标签示例效果

（2）<map>与<area>标签

<map>标签用于客户端图像映射。图像映射是指带有可点击区域的一幅图像。

<img>中的usemap属性可引用<map>中的id属性（取决于浏览器），所以应同时向 <map> 添加id属性。

<area>标签永远嵌套在<map>标签内部。<area>标签可定义图像映射中的区域。shape属性定义区域的形状，包括矩形（rect）、圆形（circle）、多边形区域（poly）；coords属性定义客户端图像映射中对鼠标响应的区域坐标。例如：

圆形：shape="circle"，coords="x, y, z"。这里的“x”和“y”定义了圆心的位置（“0, 0”是图像左上角的原点坐标），“r”是以像素为单位的圆形半径。

矩形：shape="rect"，coords="x1, y1, x2, y2"。第一个坐标是矩形的一个角的顶点坐标，另一对坐标是对角的顶点坐标。

多边形：shape="poly"，coords ="x1, y1, x2, y2, x3, y3, ... "。每一对 "x, y" 坐标都定义了多边形的一个顶点。定义三角形至少需要三组坐标，高纬多边形则需要更多数量的顶点。多边形会自动封闭，因此在列表的结尾不需要重复第一个坐标来闭合整个区域。

图像映射示例代码如下：

```
<img src="img/planets.gif" width="145" height="126" alt=" 太阳系 " usemap=
"#planetmap">
  <map name="planetmap">
      <area shape="rect" coords="0,0,82,126" href="sun.html" alt="Sun">
      <area shape="circle" coords="90,58,3" href="mercury.html" alt="Mercury">
      <area shape="circle" coords="124,58,8" href="mars.html" alt="venus">
  </map>
```

图像映射示例中，单击左侧太阳图片矩形部分范围，会跳转至sun.html页面；单击中部圆球范围部分会跳转至mercury.html页面；单击左右侧的球形范围，会跳转至mars.html页面，效果如图1-16所示。

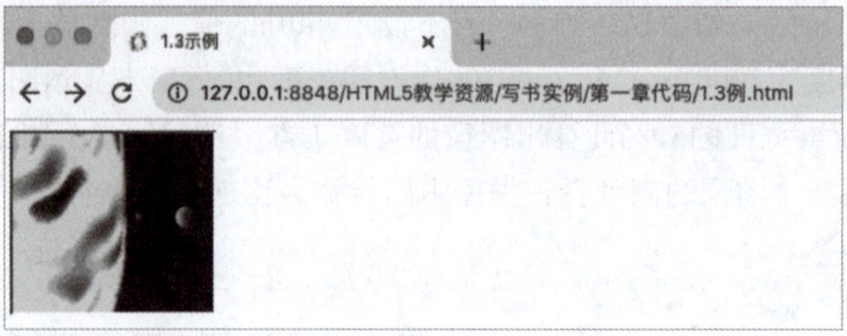

图 1-16 图像映射示例效果

（3）添加网站图标

网站图标是出现在地址栏、标签栏和书签上的小图标，称为favicon icon。首先需要将图片保存为ICO格式，可以通过Photoshop软件处理，也可以利用在线工具生成图标。将favicon icon文件通过<link>标签链入到页面的head部分。rel属性定义链入的文档类型，href属性定义链入的ico文件地址。示例代码如下：

```
<head>
    <meta charset="utf-8">
    <title>乐学网</title>
    <link rel="shortcut icon" href="img/favicon.ico"/>
</head>
```

（4）相对路径与绝对路径

图像经常因为路径不正确而显示不出来，存在此类问题很多都是由于相对路径与绝对路径混淆所致。图像文件的相对路径是指当前文件相对于另一个文件的路径，而绝对路径是指从根目录开始追加的完整路径。在HTML中默认的是图像文件的相对路径。

假如图片在计算机中的存储位置为C:\Web\img\11.jpg。采用绝对路径方式的引入的代码如下：

```
<img src="C:\Web\img\11.jpg">
```

若index.html文件在Web文件夹中，那么在该HTML文件中链入图片的相对路径写法是从相对于自身位置出发去追加图片的路径，因为HTML文件与Web在同级目录，所以从自身出发，只需从下级目录找到图片所在的img文件夹，再从img文件夹中连接11.jpg文件即可。代码如下：

```
<img src="img/11.jpg">
```

若图片在HTML文件的上级目录中，就要用“../”来表示跳出当前目录，去到上一级。同理，上上级目录的需要两次跳出，路径写为“../ ../”。

3. 认识CSS

串联样式表简称CSS，是一种用来为结构化文档（如HTML文档或XML应用）添加样式（字体、间距和颜色等）的计算机语言。它由一个或多个属性和值组成，用来规定网页中元素如何在页面中显示。CSS由W3C定义和维护。CSS 3现在已被大部分现代浏览器支持，而下一版的CSS 4仍在开发中。

CSS不能单独使用，必须与HTML或XML一起协同工作，为HTML或XML起装饰作用。HTML负责确定网页中有哪些内容，CSS确定以何种外观展现这些元素，可设置元素的大小、粗细、颜色、对齐和位置等。可以形象地把HTML看作是一堆没有颜色不同形状的积木块，神奇的CSS可以为每块积木涂上颜色，改变其大小，还可以将每块积木放到具体的位置。

（1）CSS的优势与特性

①优势：总的来说，CSS有三方面的优势。

第一，CSS实现了内容与样式分离，便于团队开发。CSS最重要的作用是将文件的内容代码与它的控制显示代码分隔开来。在CSS出现前，几乎所有的HTML文件内都包含文件显示的信息，比如字体的颜色、背景应该是怎样的、如何排列、边缘、连线等都必须一一在HTML文件内列出，有时重复列出。CSS使作者可以将这些信息中的大部分隔离出来，简化HTML文件。这些信息被放在一个辅助的、用CSS语言写的文件中。HTML文件中只包含结构和内容的信息，CSS文件中只包含样式的信息。

第二，样式复用，便于网站的后期维护。CSS书写的样式可以在其他项目中复用，从而减小工作量，提高工作效率，也为后期网站的维护提供了便利。

第三，页面的精确控制，让页面更精美。程序员通过CSS能对页面中的元素进行精确控制，让布局和定位变得更容易，从而实现更多精美的效果。

②CSS具有如下特性：

层叠性：CSS允许使用多种样式来定义元素，并且优先级越高的样式越会被应用。

继承性：当父元素有某些样式时，子元素会继承父元素的样式。

灵活性：CSS可以定义不同设备上不同的样式，以满足不同设备的需求。

可读性：CSS可以使HTML文件变短，提高代码可读性。

跨浏览器兼容性：CSS可以在不同的浏览器上实现完全一致的效果。

（2）CSS注释

清晰的注释有利于对代码进行后期维护。和其他语言一样，CSS具有自己的注释语法格式。CSS注释可以写在样式表中任意允许空格的位置。注释可以写成一行，也可以写成多行。

单行文本注释格式如下：

```
/* 单行文本注释部分 */
```

多行文本注释格式如下：

```
/* 多行
文本
注释 */
```

（3）CSS样式链入方式

CSS可以零散地直接添加在要应用样式的网页元素上，也可以集中化内置于网页、链接式引入网页以及导入式引入网页。CSS有四种方式：内部样式、行内样式、外链样式和导入样式。

①内部样式：也称为内嵌样式，在页面头部通过style标签定义样式，type类型为“text/css”，对当前页面中所有符合样式选择器的标签都起作用。格式代码如下：

```
<style type="text/css">
    .text{color:red;}
</style>
<p class="text">欢迎来到Web前端课堂</p>
```

②行内样式：也称为内联样式，使用HTML标签的style属性定义。行内样式只对设置style属性的标签起作用。style属性中的值是由属性和值的键值对组成，可以包含多组键值对。格式代码如下：

```
<p style="font-size:24px; color:#0000FF;">欢迎来到 Web 前端课堂 </p>
```

③外链样式：使用单独的CSS文件定义，然后在页面中使用link标签链接外部样式文件。link标签中用rel属性定义关系，type定义类型，href定义链接来源。格式代码如下：

```
<link rel="stylesheet" type="text/css" href="style.css"/>
```

④导入样式：通过@import指令导入外部样式文件到本文件中。导入样式需要添加到head部分的style标签中。导入样式不能与内嵌样式混合在一起。其格式代码如下：

```
<style type="text/css">
    @import url("style.css");
</style>
```

（4）CSS选择器

CSS的关键作用在于定义样式。所定义的样式要作用到具体对象上，选择器就是用来指明样式所作用的对象的。CSS选择器分为基础选择器和复合选择器。

①基础选择器：包括标签选择器、类选择器、id选择器、属性选择器和通配选择器。基础选择器的用法见表1-11。

表 1-11　基础选择器的用法

基础选择器	作　用	用　法
标签选择器	可以选出所有相同的标签	p{color:blue;}
类选择器	可以选出一个或多个具有相同类名的标签	.nav{color:red;}（nav 是类名）
id 选择器	可以选出一个与 id 名相同的标签，id 是唯一的	#eg{color:yellow;}（eg 为 id 名）
属性选择器	可以选出带有某一属性的标签	p[title]{color:red}
通配选择器	选择所有的标签	*{color:green;}}

②复合选择器：由两个或者多个基础选择器通过不同方式组合而成，能够更准确地选中目标元素标签。常见的复合选择器有后代选择器、子代选择器、交集选择器和并集选择器，见表1-12。

表 1-12　复合选择器的用法

复合选择器	作　用	用　法	特　征
后代选择器	用于选择元素后代	.nav p{color:#000;}	.nav 和 p 之间符号是空格
子代选择器	选择最近一级的子代元素	.nav>p{color:#000;}	.nav 和 p 之间符号是 >
交集选择器	选择两个标签交集的部分	p.nav{color:#000;}	p 和 .nav 之间没有符号
并集选择器	选择某些相同样式使用较多	p,.nav{color:#000;}	p 和 .nav 之间符号是逗号

CSS选择器示例代码如下：

```
<!-- 样式部分 -->
<style type="text/css">
    #xzq {width:400px; height:200px; text-align:center; background-color:
#ccc;}
```

```
        #xzq h1 {color:red; font-family:"微软雅黑";}
        span.p1 {color:red; font-weight:bolder;}
        p>span {box-shadow:2px 2px 10px 10px yellow;}
        div>span {font-size:16px; font-weight:900;}
        .lstar, .rstar {color:red;}
    </style>

    <!-- 结构部分 -->
    <div id="xzq">
        <h1>社会主义核心价值观</h1>
        <p><span class="p1">国家目标：</span><span class="p2">富强、民主、文明、和谐</span></p>
        <p><span class="p1">社会目标：</span><span class="p2">自由、平等、公正、法治</span></p>
        <p><span class="p1">个人准则：</span><span class="p2">爱国、敬业、诚信、友善</span></p>
        <div><span class="lstar">☆☆☆</span><span>人民有信仰、国家有力量、民族有希望</span><span class="rstar">☆☆☆</span></div>
    </div>
```

社会主义核心价值观的页面展示效果如图1-17所示。

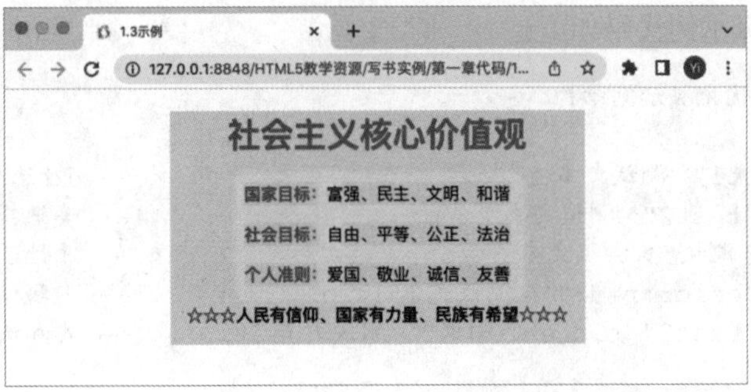

图 1-17　社会主义核心价值观页面展示效果

素养园地

践行社会主义核心价值观

社会主义核心价值观，分别从国家、社会、个人三个层面，引领思想、凝聚力量，激励我们把握正确方向，为实现中国梦而不懈奋斗。

第一层面谈的是国家层面，“富强、民主、文明、和谐”是我国社会主义现代化国家的建设目标，也是从价值目标层面对社会主义核心价值观基本理念的凝练，在社会主义核心价值观中居于最高层次，对其他层次的价值理念具有统领作用。

第二层面是社会层面，“自由、平等、公正、法治”是对美好社会的生动表述，也是从社会层面对社会主义核心价值观基本理念的凝练。它反映了中国特色社会主义的基本属性，是我们党矢志不渝、长期实践的核心价值理念。

第三层面是个人层面，“爱国、敬业、诚信、友善”是公民基本道德规范，是从个人行为层面对社会主义核心价值观基本理念的凝练。它覆盖社会道德生活的各个领域，是公民必须恪守的基本道德准则，也是评价公民道德行为选择的基本价值标准。

只有把这些核心价值观融入每一个人的日常生活中，才能使我们的国家走向繁荣昌盛，而这正是我们每一个中国公民的责任所在。

（5）CSS选择器的优先级

CSS选择器优先级是一组规则，用于确定当多个规则被应用到同一元素时，应该使用哪一层选择器所定义的样式。

样式通常分为六个等级，具体如下：

最高级：添加了“!important”规则后的选择器超越了所有等级，其优先级最高，权值为无穷大。

第一级：内联样式，如style=""，权值为1 000。

第二级：ID选择器，如#content，权值为100。

第三级：属性选择器、类选择器，如.content，权值为10。

第四级：元素选择器和伪元素选择器，如div、p、E::after，权值为1。

第五级：通配符“*”选择器，权值为0

综合来看，样式的优先级遵循的顺序是：!important规则样式>内联样式>ID选择器>属性选择器>类和伪类选择器>元素和伪元素选择器>通配符>继承的样式。

CSS选择器优先级示例代码如下：

```
<!-- CSS 选择器优先级示例结构 -->
<div>
    <p id="test1">测试文本 1</p>                    <!-- id 选择器定义文本蓝色 -->
    <p class="test2">测试文本 2</p>                 <!-- 类选择器定义文本绿色 -->
    <p title="测试">测试文本 3</p>                  <!-- 属性选择器定义文本棕色 -->
    <p style="color:red;" >测试文本 4</p>           <!-- 内联样式定义文本为红色 -->
    <p class="test2" title="测试">测试文本 5</p> <!-- 类和属性选择器同时存在，呈
现属性选择器的样式 -->
    <p id="test1" class="test2" title="测试">测试文本 6</p> <!-- id 类和属性选
择器同时存在，呈现属性选择器的样式 -->
    <p  class="test2" title="测试" style="color:red;">测试文本 7</p> <!-- 类
和属性选择器、内联样式同时存在，呈现内联样式 -->
    <p id="test1" class="test2" style="color:red;" title="测试">测试文本 8
</p> <!-- iD. 类和属性选择器、内联样式同时存在，呈现内联样式 -->
    <p id="test1" class="test3" class="test2" style="color:red;">测试文本 6
</p><!-- 给名为 test3 的类添加了 !important 规则，呈现 test3 类的样式 -->
</div>

/* CSS 选择器优先级示例样式 */
<style type="text/css">
    #test1 {color:blue;}
    .test2 {color:green;}
    .test3 {color:purple !important;}
    p[title] {color:brown;}
</style>
```

CSS选择器优先级示例效果如图1-18所示。

1.3.2　任务实践——制作商品信息页面

【任务背景】电商网站中有大量的商品需要展示，要求展示的商品信息要精确、准确、完整，应该包括商品的名称、描述、图片、价格、分类等。商品展示是用户购买商品的入口。商品信息的展示要有良好的用户体验，展示方式要简单易懂，展示样式要美观大方。页面直观呈现商品的外观、名称及价格等信息，吸引用户单击打开链接，详细了解商品。

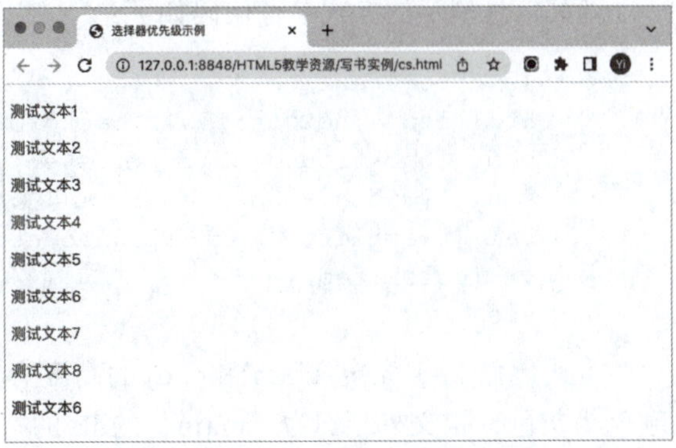

图 1-18　CSS 选择器优先级示例效果

【任务要求】本任务完成三个并列商品的横向展示。每件商品包括商品预览图、商品名称以及商品价格。每件商品的相关信息构成一个整体，呈现纵向居中对齐。将每一种商品的所有信息放进一个<div>中作为一个整体，用<img>标签插入预览图，设置<img>标签对应的alt属性；设置商品名称及介绍，共显示10个字，居中对齐；商品价格统一设置为红色，居中对齐。商品信息展示页面整体效果如图1-19所示。

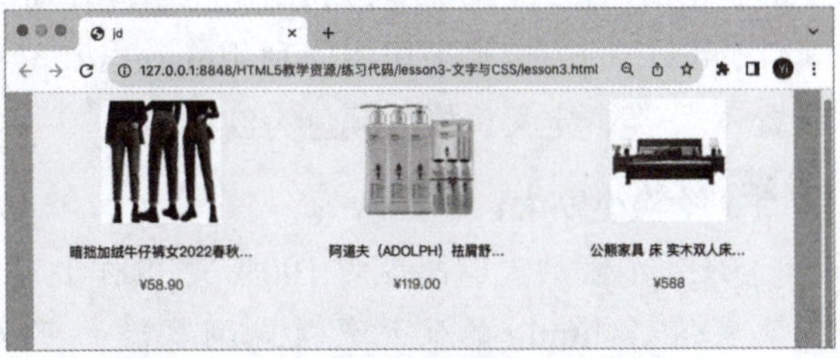

图 1-19　商品信息展示页面整体效果

【任务实施】

1. 代码结构

商品信息展示的具体结构代码如下：

```
<div id="main">
    <div class="a1">
        <img src="img/1.jpg" title=" 牛仔裤 " alt=" 牛仔裤图片加载失败... ">
        <p>暗拙加绒牛仔裤女2022春秋...</p>
        <p class="r">&yen;58.90</p>
    </div>
    <div class="a1">
        <img src="img/2.png" alt=" 洗发露图片加载失败... ">
        <p>阿道夫（ADOLPH）祛屑舒...</p>
        <p class="r">&yen;119.00</p>
    </div>
    <div class="a1">
        <img src="img/3.jpg" alt=" 家具床图片加载失败... ">
        <p>公熊家具 床 实木双人床...</p>
        <p class="r">¥588</p>
    </div>
</div>
```

【代码解析】在最外层定义一个id为main的<div>标签，用于包裹所有商品的代码。将每件商品的缩略图、名称及价格看作一个整体放在一个<div>标签中，定义其类名为“a1”，用于统一所有商品的公共属性。<div>中包含了图片<img>标签、标记商品名称和价格的<p>标签。

人民币符号用字符实体标记。

2. 样式代码

商品信息展示的样式参考代码如下：

```
<style type="text/css">
    html,body {height:100%; background-color:#ccc;}
    body {background-color:#e6e6e6;}
    #main {width:900px; height:100%; background-color:#FFFAFA; margin:0 auto;}
    .a1 {float:left; text-align:center; width:300px; margin-top:10px;}
    .r {color:red;}
</style>
```

【代码解析】先定义html和body的高度为100%，与浏览器保持一致，再设置body的背景颜色为灰色，定义外层id为“main”的div的宽度为900 px，背景颜色为白色，高度和浏览器浏览区域高度保持一致。利用margin属性的值为“10 px auto”让div水平居中显示。设置类为“a1”的div宽度为300 px，利用float属性让所有商品向左浮动，呈现在一行上，利用text-align属性让div中的内容水平居中，利用margin-top属性将所有商品的顶部外边距设置为10 px。最后设置“r”类，定义价格的颜色为红色。

经验小贴士：

①设置元素的宽、高度为 100% 是相对于父元素来说的。设置时一定要计算其父元素的宽、高真实值。<html> 的父元素就是浏览器的可视高度，设置了 <html> 标签的高度后，才能为子元素的高度设置提供参考依据。

② div 元素属于块级元素，会独占一行，使用 float 属性，可以改变 div 的常规布局，使得 div 盒子水平排列。但 float 属性通常会导致其他元素的位置受到影响，所以不要忘记清理浮动。通常是通过专门设置一个用于清理浮动的 div 盒子，其高度宽度为零，再设置其 clear 属性。

单元四 网上商城页面导航设计

1.4.1 超链接

超链接是网页中的一种重要元素，是网页内容的一种重要连接方式。超链接让网络世界变得更丰富多彩。清晰的超链接可以指引用户轻松到达想去的地方，了解感兴趣的内容，也为自身网站带来了流量，所以超链接的路由设计与制作对Web应用来说十分重要。

视频

超链接

1. 超链接标签

在Web页面中随处可见超链接，通过单击链接可以快速跳转到另一个页面或资源，提高用户体验，改善网站的可用性和导航性。超链接用<a>标签来定义，是一个双标记。示例代码如下：

```
<a href="https://www.12371.cn/">12371 网 </a>
```

上述例子在文本“12371网”上添加了跳转到共产党员网（https://www.12371.cn）的链接。当单击文字“12371网”时就实现了页面跳转。除了文本可以作为链接对象外，图片也可以作为链接对象，示例代码如下：

```
<a href="https://www.12371.cn/"><img src="img/12371.png"></a>
```

<a>标签最重要的属性是href属性。它指向链接的目标URL地址，也可以指向邮箱。指向邮箱的链接代码格式如下：

```
<a href="mailto:info@sina.com">联系新浪</a>
```

当单击指向邮箱的链接时，会自动调用邮箱软件，进入邮件编写窗口，方便用户直接编写邮件，如图1-20所示。

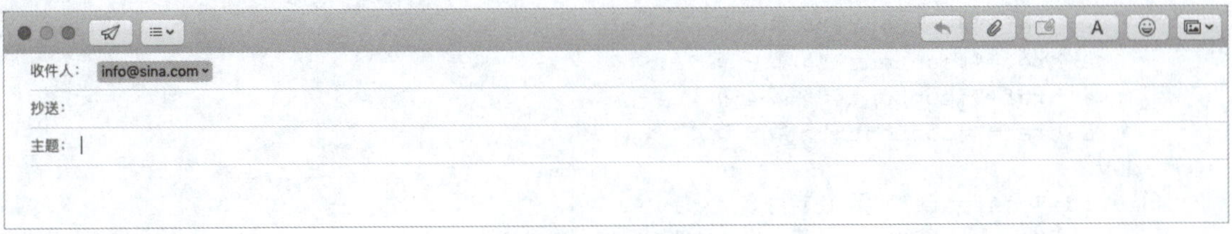

图 1-20　邮件编写窗口

若超链接未设置href属性，那么<a>标签只是超链接的占位符，无任何其他功能。除href属性外，<a>标签的其他常用属性见表1-13。

表 1-13　<a> 标签的常用属性

属性名称	属性值	描　述
download	文件名称	规定被下载的超链接目标
target	_blank _parent _self _top framename	规定在何处打开链接文档。 _blank（在新窗口中打开）。 _parent（在父框架集中打开被链接文档）。 _self（默认，在相同的框架中打开被链接文档）。 _top（在整个窗口中打开被链接文档）。 framename（在指定的框架中打开被链接文档）
title	文本信息	标悬停在超链接上的时候，显示该超链接的文字注释

超链接标签及属性的示例代码如下：

```
<h3>内容提要</h3>
<ul>
    <li><a href="pref.html" target="blank" title="前言">前言</a></li>
    <li><a href="chap1.html" target="parent" title="第一章内容">第一章</a></li>
    <li><a href="chap2.html" target="top" title="第二章内容">第二章</a></li>
    <li><a href="chap3.html" target="self" title="第三章内容">第三章</a></li>
    <li><a href="img/sun.gif" target="self" title="这是可以下载的图片" download=
"sun">点击下载图片</a></li>
</ul>
```

当单击对应的链接时，以不同的窗口形式打开链接内容。<a>标签中的download属性定义了单击可直接下载本文件，并以download的值来命名该文件。效果如图1-21所示。

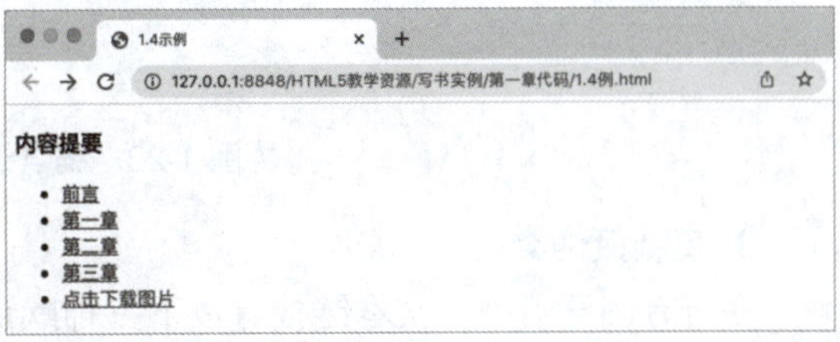

图 1-21　超链接页面示例效果

2. 锚点链接

锚点链接也是超链接的一种，用于在一

个较长的页面中实现跳转。当前的Web应用中，Web页面越来越长，可以呈现更多内容，用户可以从头浏览到尾。但因为内容太长很难快速聚焦感兴趣的内容，通常在页面头部呈现总览，分布一些超链接，当用户单击时滑动到当前页面指定位置，该位置称为锚点，链接到锚点的链接称为锚点链接。在HTML 4.01版本中，锚点可以用name进行定义。HTML5中不支持name定义锚点，通常用id定义锚点。锚点链接的示例结构代码如下：

```
<div><span>导航：</span>
    <a href="#content1">第1节</a>
    <a href="#content2">第2节</a>
    <a href="#content3">第3节</a>
    <a href="#content4">第4节</a>
    <a href="#content5">第5节</a>
</div>
<div id="content1">第1节内容</div>
<div id="content2">第2节内容</div>
<div id="content3">第3节内容</div>
<div id="content4">第4节内容</div>
<div id="content5">第5节内容</div>
```

锚点链接的示例样式代码如下：

```
<style type="text/css">
  #content1, #content2, #content3, #content4, #content5 {height:400px; border:
1px solid #ccc;}
</style>
```

当单击导航中的“第1节”“第2节”“第3节”“第4节”“第5节”锚点链接时，自动滑到对应的内容部分，效果如图1-22所示。

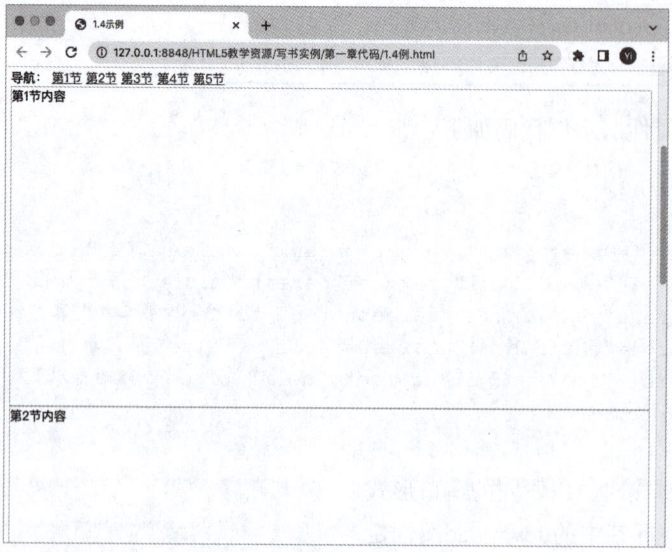

图1-22　锚点链接页面示例效果

3. 超链接伪类

在所有浏览器中，文本链接有以下三种默认外观：

①未被访问的链接：带有下划线，文本呈蓝色。

②已被访问的链接：带有下划线，文本呈紫色。

③活动链接：带有下划线，文本呈红色。

如果要修改文本链接的默认外观，需要在超链接的伪类中定义样式。伪类也是一种选择器，选择某一状态下超链接。超链接伪类包括a:link、a:visiteD. a:hover和a:active。伪类样式的语法格式如下：

```
a: 伪类名称 {
    属性 : 属性值 ;}
```

不同的伪类名称对应不同的超链接状态，具体见表1-14。

表 1-14　超链接的伪类及状态说明

伪类名称	状态说明	用 法 举 例
a:link	未访问的超链接	a:link{text-decoration:none;}/* 取消默认的下划线 */
a:visited	超链接已被访问后	a:visited{color:#000;}/* 设置被访问后文本为黑色 */
a:hover	鼠标悬停在超链接上时	a:hover{color:red;}/* 当鼠标悬停到链接上，文本呈红色 */
a:active	超链接被激活时	a:active{color:blue;}/* 当鼠标按下时，文本呈蓝色 */

设超链接伪类样式时，并非必须要设置四种状态的样式，也可以设置某一种或多种的状态样式。但当同时设置四种超链接伪类样式时，是有顺序要求的，即a:hover必须位于a:link和a:visited之后，a:active必须位于a:hover之后。如果设置顺序不对，样式可能不起作用。

超链接伪类示例结构代码如下：

```
<p>默认状态无下划线，黑色字——<a href="#">click</a></p>
<p>访问过后无下划线，褐色字——<a href="#">click</a></p>
<p>鼠标经过有下划线，红色字——<a href="#">click</a></p>
<p>鼠标按下无下划线，蓝色字带阴影——<a href="#">click</a></p>
```

超链接伪类示例样式代码如下：

```
<style type="text/css">
    a:link {text-decoration: none;}
    a:visited {color:#804002;}
    a:hover {color:red; text-decoration:underline;}
    a:active {color:blue; text-shadow:1px 1px #1247f9;}
</style>
```

超链接伪类示例的状态效果如图1-23所示。

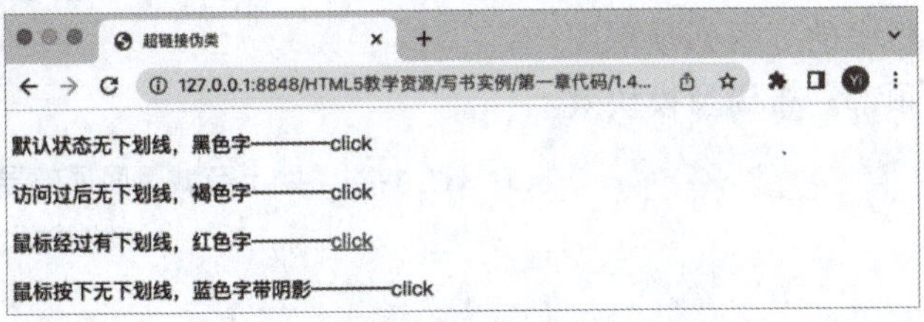

图 1-23　超链接伪类示例的状态效果

4. 设置鼠标指针形状

在浏览网页的时候，我们通常可以看到鼠标的指针形状一般可以为箭头、手形、I字形等。这些效果都可以通过CSS中的cursor属性来设置。设置鼠标指针的样式代码如下：

```
a {cursor:hand;}
```

设置指针样式的cursor属性的常用属性值见表1-15。

表 1-15　cursor 属性的常用属性值

属 性 值	描　述	用　法
default	默认为光标箭头	a{cursor:default;}
pointer	超链接的指针手型	a{cursor:pointer;}
wait	指示程序正在忙	a{cursor:wait;}
help	指示可用的帮忙	a{cursor:help;}
text	指示文本	a{cursor:text;}
crosshair	鼠标呈现十字状	a{cursor:crosshair;}
copy	指示可复制	a{cursor:copy;}

1.4.2　任务实践——网上商城页面导航设计

【任务背景】网上商城页面的导航用于帮助用户快速找到所需的商品、服务或信息，提高用户体验。网上商城的导航一般在顶部，分功能设计栏目。导航的结构要清晰，不要设置太多、太复杂的层次。本任务主要以完成网上商城导航栏目的布局样式和超链接跳转为目标。

【任务要求】实现网上商城页面顶部导航栏的布局。顶部导航栏包括位置、登录提示、我的订单、我的优惠、商城物品、商城秒杀、特色优选、为你推荐、频道广场、客户服务及返回顶部共11个栏目。它们水平均匀显示，悬停在顶部，覆盖在内容之上。设置各个模块的超链接及其超链接状态样式，取消默认的外观样式，设置为鼠标经过栏目时链接文本呈现红色。商城物品、商城秒杀、特色优选、为你推荐、频道广场这五个模块内容呈现在页面中，用锚点与导航中的栏目进行链接。当单击顶部导航栏中的“返回顶部图标”时，页面滑动到顶部。布局及模块效果如图1-24所示。

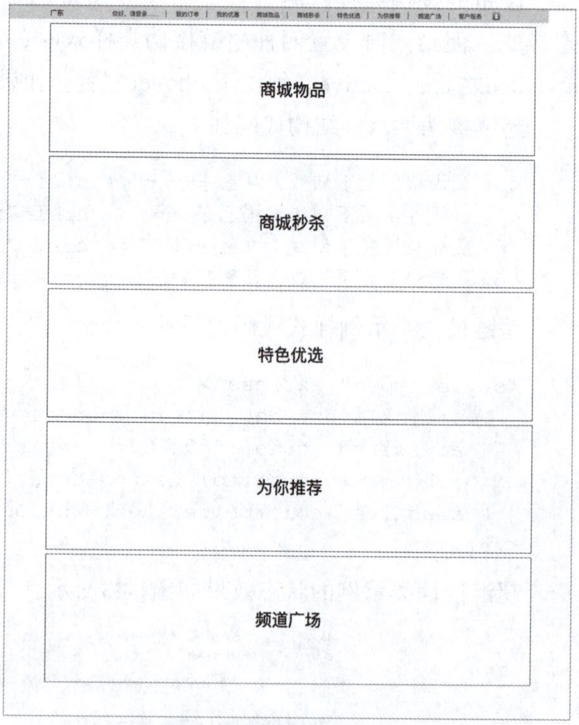

图 1-24　网上商城页面顶部导航栏布局及页面中的模块效果

【任务实施】

1. 结构代码

网上商城页面导航的具体结构代码如下：

```
<div id="top">
    <div id="nav">
        <span id="wz"> 广东 </span>
```

```
        <a href="https://passport.jd.com/new/login.aspx" target="_blank">
你好，请登录……</a><span>| </span>
        <a href="dingdan.html">我的订单</a><span>| </span>
        <a href="#">我的优惠</a><span>| </span>
        <a href="#scwp">商城物品</a><span>| </span>
        <a href="#scms">商城秒杀</a><span>| </span>
        <a href="#tsyx">特色优选</a><span>| </span>
        <a href="#wntj">为你推荐</a><span>| </span>
        <a href="#pdgc">频道广场</a><span>| </span>
        <a href="#">客户服务</a>
        <a href="#container">⏶</a>
    </div>
  </div>
  <div id="container">
    <div id="scwp">商城物品</div>
    <div id="scms">商城秒杀</div>
    <div id="tsyx">特色优选</div>
    <div id="wntj">为你推荐</div>
    <div id="pdgc">频道广场</div>
  </div>
```

【代码解析】整个页面用<div>标签来定义上、下两个部分。

上面部分包含顶部的导航栏，其id为“top”；下面部分包含五个内容呈现模块，其id为“container”。上面top部分内含有一个<div>，其id为“nav”，用来布设导航内容，其中包括一个位置信息，用id为“wz”的<span>标签定义，其余导航栏目信息由<a>标签来标记。

下面内容部分用五个<div>标签来标记，作为导航中对应栏目的链接锚点，其id分别为“scwp”“scms”“tsyx”“wntj”“pdgc”。

2. 样式代码

网上商城页面导航的具体样式代码如下：

```
  <style type="text/css">
    body {padding:0; margin:0;}
    /* 顶部样式 */
    #top {position:fixed; top:0; left:0; width:100%; height:30px;}
    /* 导航样式 */
    #nav {height:30px; padding-left:10px; margin:0 100px; line-height:30px;
background-color:#e6e6e6;}
    #wz {margin-right:40px;}
    #top a {margin:0 10px; font-size: 14px; color:#585959; text-decoration:
none;}
    #top a:hover {color:red;}
    /* 下面部分样式 */
    #container {margin-top:40px;}
    #scwp, #scms, #tsyx, #wntj, #pdgc {height:300px; margin:10px 100px;
font-size:40px; line-height:300px; text-align:center; border:1px solid #333;}
  </style>
```

首先，设置body的margin和padding为0，情况默认边距。其次，设置顶部top的样式，宽度为100%，高度为30 px。设置其位置属性position为fixed，将导航栏部分固定在页面顶端，设置偏移量top和left的值为0。然后，设置顶部中的导航栏的基础样式，包括背景background、宽度、高度，文字行距。设置导航栏目横向布局，中间用分割线隔开。接着，设置到导航链接的伪类样式效果，取消默认的链接下划线，当光标悬停在链接栏目上，文本呈红色。设置链接的href属性。最后，设置下方内容部分的div效果，文本在div中水平和垂直居中显示，字体大小为40 px。

经验小贴士：

①在设计页面结构时，通常会把一个相对完整的部分放在一个 <div> 标签中，并以 id 名来进行区分，如上部导航 <div id="nav">、中间内容 <div id="content">、下方页脚 <div id="footer">。为了结构更完整，样式更统一，有时也会在外层加一个 <div> 标签包含所有部分。

② HTML 中的一些标签是默认边距的，如 <body><p><ul><ol><li> 等。通常可以设置其 margin 和 padding 属性为 0 来清除默认边距。

③ <div> 标签中有文本。为了让文本在 div 盒子中垂直居中，通常可设置盒子中文本的行高 line-height 值与 div 的高度值一致。

小　　结

本模块主要介绍前端开发中的基础知识，包括Web服务工作原理、Web相关的基本概念、HTML基础标签、Web中的图像基础知识、CSS基础。

HTML是用来描述网页内容的一种标记语言，它使用标签来描述网页的结构。常见的HTML标签有<head><title><body><p><div><span><ul><ol><li><a><img>等。在HTML结构中，<head>标签用来放网页的元信息，如title、meta等。<title>标签用来设置网页的标题。<body>标签用来放网页的正文内容。还有常用的<p>标签用来放网页的段落；<div>标签用来把网页分组，划分区块；<span>标签用来标记文本；<a>标签用来标记链接；<img>标签用来放图片。

图像在网页中随处可见。图像包括格式、颜色、尺寸和分辨率、透明度、动画、文件大小六个要素。CSS由选择器和声明组成。选择器决定了想要应用的样式的HTML元素；声明告诉浏览器如何渲染它。声明由属性和值组成，而属性和值之间用冒号分隔。CSS有层叠性、继承性、灵活性、可读性的特征。CSS有四种引入方式：内部样式、行内样式、外链样式和导入样式。

超链接由<a>标签来标记，包含必要的href属性，用于定义链接的URL。在一个较长的页面中的跳转，通过锚点链接来实现。超链接的四个伪类：a:link定义未访问的超链接；a:visited定义超链接已被访问状态；a:hover定义鼠标悬停在超链接上的状态；a:active超链接被激活时的状态。

习　题　1

一、单项选择器

1. 下列标签中，不属于列表标签的是（　　）。

A. <ul>　　B. <dl>　　C. <ol>　　D. <p>

2. 在HTML文件中插入注释正确书写格式的是（　　）。

A. //this is a comment　　B. #this is a comment

C. <!-- this is a comment -->　　D. ’this is a comment

3. 下列标签中，属于行内元素的是（　　）。

A. <div>　B. <p>　C. <img>　D. <span

4. 定义文本字体时，设置字体的尺寸的CSS属性为（　　）。

A. font-size　B. font-family　C. font-style　D. font-variant

5. 下列CSS命名规范中，描述正确的是（　　）。

A. 尽量使用类选择器进行样式设定

B. 类命名时取父元素的class名作为前缀，使用_连接

C. 类名与样式之间以回车进行分割

D. 严禁添加CSS代码注释

二、多项选择题

1. 下列关于HTML标签表述中，正确的是（　　）。

A. <div>标签主要用于布局

B. <html>标签中的代码缩进是为了方便阅读

C. <div><p>Web前端</div></p>

D. <div>中不可以嵌套<ul><h>标签

2. 下列标签选项中，属于HTML中文本标签的是（　　）。

A. <em>　B. <h1>　C. <div>　D. <q>

E. <blockquote>

3. 下列选项中，正确的选择器是（　　）。

A. strong{color:#333333; font-size:12px}　B. #strong{color:#333333; font-size:12px}

C. Class{color:#333333; font-size:12px}　D. .strong{color:#333333; font-size:12px}

4. 下列选项中，（　　）是HTML5中新增的标签。

A. <Header>　B. <nav>　C. <footer>　D. <hr>

5. CSS样式引入方式有（　　）。

A. 行内引入　B. 外部引入　C. 内部引入　D. JavaScript引入

三、判断题

1. HTML标签可以嵌套使用。（　　）

2. CSS中的属性和值之间用分号分隔。（　　）

3. Cookie在用户计算机上存储，大小有限制。（　　）

4. HTML的<head>元素只用来存放页面的样式。（　　）

5. 内部引入CSS的方式是使用<style>标签。（　　）

模块二 HTML5页面元素

学习目标

◎掌握列表标签及属性、样式的应用；
◎掌握利用列表标签制作导航栏；
◎理解盒子模型，以及盒子中padding、margin属性的作用；
◎理解HTML5新增的结构标签的作用；
◎掌握利用结构标签元素进行合理布局；
◎掌握用样式对结构进行控制的方法；
◎掌握HTML5语义标签的用法；
◎掌握清理浮动的方法；
◎认识表格元素的作用、构成；
◎掌握表格元素的基本应用方法。

单元一 制作导航栏

2.1.1 列表标签

1. 有序与无序列表

视频
制作导航栏

列表标签是网页使用最为广泛的标签之一。有序列表用于表示一组有特定顺序的项目，用<ol></ol>来标记。无序列表是指不用数字标记每个列表项，而采用一个符号标志每个列表项，如圆黑点<ul></ul>。有序列表与无序列表都是双标记，使用方式几乎一样，最大的不同在于序号的样式不同。列表标签一般与<li>标签组合使用，具体示例用法如下：

```
<!-- 有序列表 -->
<ol>
    <li> 北京 </li>
    <li> 上海 </li>
    <li> 广州 </li>
```

```
        <li> 深圳 </li>
    </ol>
    <!-- 无序列表 -->
    <ul>
        <li>Coffee</li>
        <li>Tea</li>
        <li>Milk</li>
    </ul>
```

有序列表和无序列表的示例效果如图2-1所示。

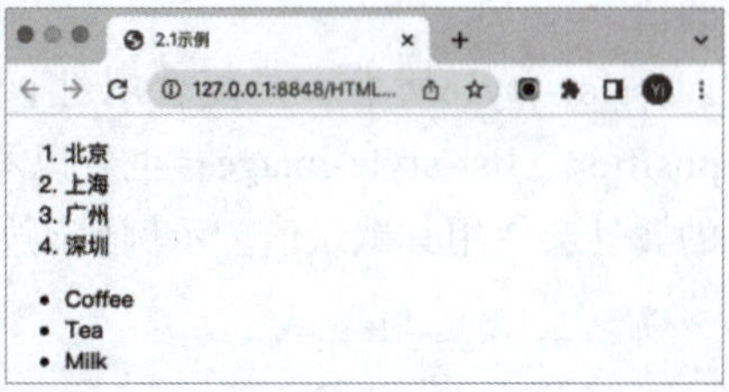

图 2-1　有序列表和无序列表的示例效果

2. 定义列表

还有一种列表标签是自定义列表标签<dl>。<dl>标签定义一个描述列表，通常与 <dt>（定义项目/名字）和 <dd>（描述每一个项目/名字）一起使用。示例代码如下：

```
    <dl>
        <dt> 编程 </dt>
        <dd> 使用计算机语言编写程序的过程 </dd>
        <dt> 调试 </dt>
        <dd> 查找并消除程序中的错误 </dd>
        <dt> 编译 </dt>
        <dd> 将程序源代码转换为可执行文件的过程 </dd>
    </dl>
```

定义列表示例的页面效果如图2-2所示。

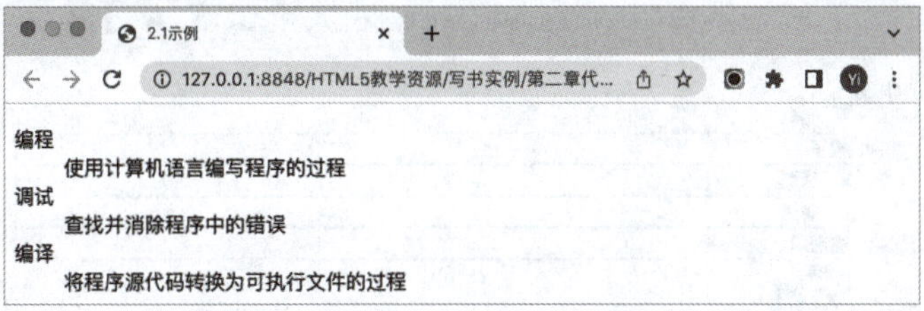

图 2-2　定义列表示例的页面效果

3. 列表的样式

列表的样式属性及其描述见表2-1。

表 2-1　列表的样式属性及描述

属　性	描　述
list-style-type	设置列表项标志的类型
list-style-position	设置列表中列表项标志的位置
list-style-image	将图像设置为列表项标志
list-style	复合属性，用于把所有用于列表的属性设置于一个声明中

list-style-type属性：设置列表项标记的类型，常用值有none（无标记）、disc（默认值，标记是实心圆）、circle（标记是空心圆）、square（标记是实心方块）、decimal（标记是数字）和lower-roman（小写罗马数字i、ii、iii、iv、v等）。

list-style-position属性：指示如何相对于对象的内容绘制列表项标记，可选值包括inside（列表项目标记放置在文本以内，且环绕文本根据标记对齐）、outside（默认值，保持标记位于文本的左侧，列表项目标记放置在文本以外，且环绕文本不根据标记对齐）和inherit（规定应该从父元素继承 list-style-position 属性的值）。

list-style-image 属性：使用图像来替换列表项的标记，可选值包括URL（指图像的路径）、none（默认值，无图形并显示）和inherit（规定应该从父元素继承 list-style-image 属性的值）。

list-style属性：是复合属性，可以按顺序设置多个属性，如list-style-type、list-style-position、list-style-image；也可以不设置其中的某个值，如“list-style:circle inside;”，未设置的属性会使用其默认值。示例代码如下：

```
    <!-- list 样式 -->
    <h3> 水果 </h3>
    <ul>
        <li style="list-style:square outside; border:1px solid gray;"> 橙子 </li>
        <li style="list-style:square inside; border:1px solid gray;"> 葡萄 </li>
        <li style="list-style:circle inside; border:1px solid gray;"> 香蕉 </li>
        <li style="list-style:circle outside; border:1px solid gray;">哈密瓜 </li>
        <li style="list-style:inside url(img/fruit.png); border:1px solid gray;"
> 苹果 </li>
    </ul>
```

定义列表标签示例效果如图2-3所示。

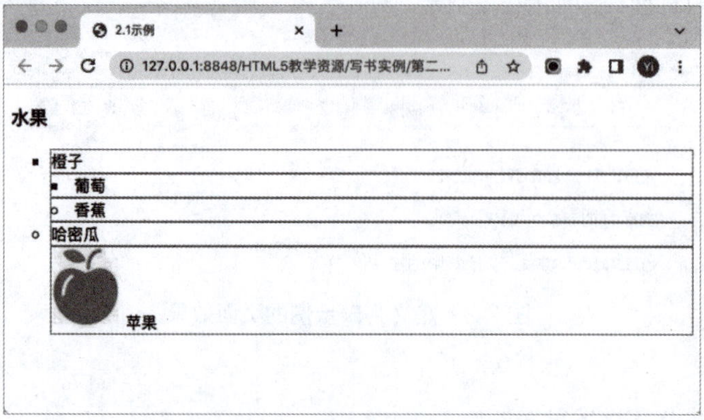

图 2-3　定义列表标签示例效果

2.1.2　盒子模型

用CSS控制列表的外观，需要理解ul和li的默认边距。通常把ul、li类似的元素比作一个盒子。此类盒子具有一些默认内外边距。为了更好地设计和控制盒子外观，设计师们提出了一个盒子模型。

盒子模型是网页布局设计中的重要概念，指HTML中元素的布局方式。

1. 盒子的组成

盒子模型中的盒子包括外边距（margin）、边框（border）、内边距（padding）和内容（content）四部分组成，如图2-4所示。

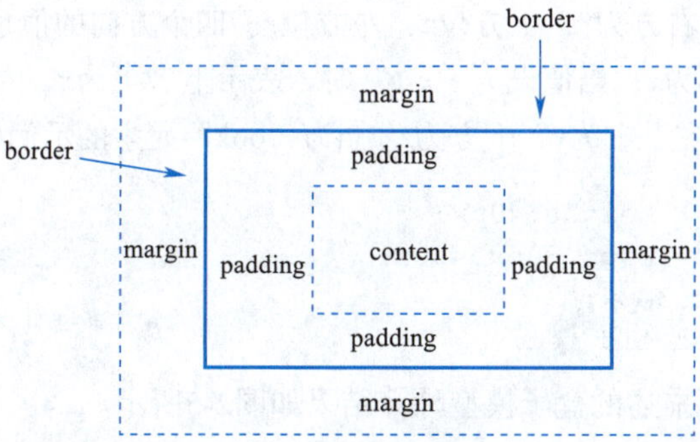

图 2-4　盒子的构成

①外边距：指框与其他框之间的距离，使用CSS的margin属性来设置。

②边框：指包围内容的边框，使用CSS的border属性来设置。

③内边距：指内容与边框之间的距离，使用CSS的padding属性来设置。

④内容：指被盒子所包裹的实际内容，使用CSS的content属性来设置。

2. 盒子的大小

盒子的大小是指盒子的宽度和高度。

小贴士： 大多数初学者容易将宽度和高度误解为 width 和 height 属性，然而默认情况下，width 和 height 属性只是设置 content（内容）部分的宽和高。

盒子真正的宽和高按下面公式计算：

盒子的宽度=内容宽度+左填充+右填充+左边框+右边框+左边距+右边距

盒子的高度=内容高度+上填充+下填充+上边框+下边框+上边距+下边距

带属性的公式表示如下：

盒子的宽度= width+"padding-left"+"padding-right"+"border-left"+"border-right"+"margin-left"+"margin-right"

盒子的高度=height+"padding-top"+"padding-bottom"+"border-top"+"border-bottom"+"margin-top"+"margin-bottom"

3. 盒子的边距设置

盒子四周的内边距、外边距、边框可以设置为不同的值。

①内边距分四个方向的属性，分别是：padding-top、padding-right、padding-bottom、padding-left。

②外边距分四个方向的属性，分别是：margin-top、margin-right、margin-bottom、margin-left。

③边框四个方向的属性，分别是：border-top、border-right、border-bottom、border-left。

四个方向分别设置的语法格式如下：

```
X-top: 像素值;
X-right: 像素值;
X-bottom: 像素值;
X-left: 像素值;
/* X 可指代 padding、margin 和 border 中如何一个属性 */
```

如果将四个方向的属性合并起来书写，它们都遵上右下左的“顺时针规则”。如值为“*x y z*

r”，表明上方的值为x，右方为y，下方位z，左方位r。四个方向的值也可以简写。当值为“x”时，表示各个方向的值都为x；当值设为“x y”时，表示上、下为x，左、右为y；当值设为“x y z”时，表明上方值为x，左、右为y，下方为z。id为“box”元素的示例样式格式如下：

```
#box {width:100px; height:40px;
        padding:10px 20px 30px 40px;
        margin:20px 30px;
        border:1px solid red;}
```

以上示例样式代码所描述的盒子模型计算结果如图2-5所示。

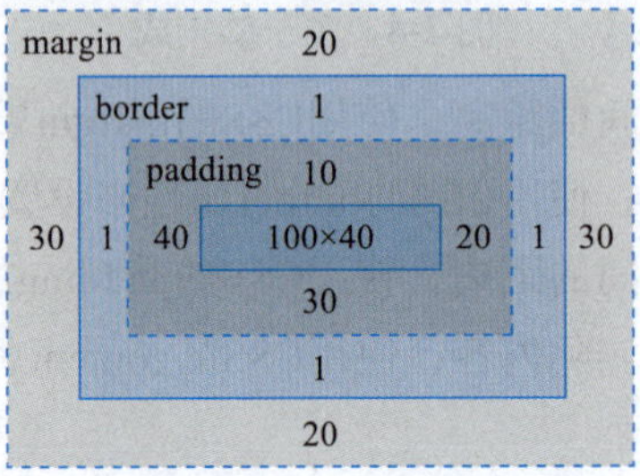

图 2-5 示例“box”盒子模型计算结果

素养园地

工匠精神

2024年3月5日，习近平总书记在参加十四届全国人大二次会议江苏代表团审议时，与孙景南代表交流中提到：“大国工匠是我们中华民族大厦的基石、栋梁。”“我们要把职业教育发展好，要树立工匠精神，把他们的待遇条件保障好。”这番话深刻表明，工匠精神是行业前进的保障，是所有人都应秉持的重要品质。

前端开发工作中，要保持一种对工作充满热情、对技术不断追求、对产品精益求精的态度，体现在对细节的极致追求、代码质量的严格把控、用户体验的深刻理解以及持续学习和技术创新上。具有工匠精神的前端开发者会写出清晰、可维护的代码，关注像素级别的细节和流畅的交互效果，同时注重性能优化和跨领域协作，通过彻底的测试和用户反馈不断迭代优化产品。他们不满足于现状，积极探索新技术和解决方案，致力于提供卓越的用户体验，推动前端技术的进步。这种精神不仅要求功能实现，更追求每一个环节的完美，是推动前端开发领域不断前行的重要动力。

2.1.3 任务实践——制作导航栏

【任务背景】导航栏是网页中常见的部分，其主要作用是帮助用户快速跳转到目标页面。导航栏的布局有横向布局和纵向布局两种。在实际的页面制作中，经常用列表标签来完成导航栏的布局。本任务结合列表标签及其属性完成“东华商城”（虚拟网页）网页横向和纵向导航栏的制作。

【任务要求】制作“东华商城”网页中的横向和纵向导航栏。横向导航栏由秒杀、优惠券、PLUS会议、品牌闪烁、拍卖、东华家电、东华超市、东华生鲜、东华国际及东华云十个导航菜单构成。鼠标移动到菜单上，导航菜单会有变色的效果。纵向导航栏由东华秒杀、特色优选、频道广场、为你推荐、客户服务及意见反馈六个导航菜单构成，当鼠标移动到菜单上，菜单背景变色，文本相应的变色。导航栏效果如图2-6所示。

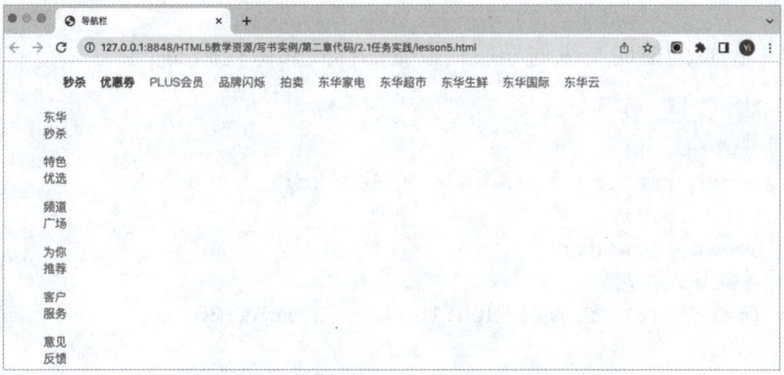

图 2-6　东华商城横向与纵向导航栏效果

【任务实施】

1. 结构代码

“东华商城”网页的横向与纵向导航栏设置的具体结构代码下：

```
<body>
    <!-- 横向导航栏 -->
    <div id="hxdh">
        <ul>
            <li class="ts"><a href="#"> 秒杀 </a></li>
            <li class="ts"><a href="#"> 优惠券 </a></li>
            <li><a href="#">PLUS 会员 </a></li>
            <li><a href="#"> 品牌闪烁 </a></li>
            <li><a href="#"> 拍卖 </a></li>
            <li><a href="#"> 东华家电 </a></li>
            <li><a href="#"> 东华超市 </a></li>
            <li><a href="#"> 东华生鲜 </a></li>
            <li><a href="#"> 东华国际 </a></li>
            <li><a href="#"> 东华云 </a></li>
        </ul>
    </div>
    <!-- 纵向导航栏 -->
    <div id="zxdh">
        <ul>
            <li><a href="#"> 京东 <br> 秒杀 </a></li>
            <li><a href="#"> 特色 <br> 优选 </a></li>
            <li><a href="#"> 频道 <br> 广场 </a></li>
            <li><a href="#"> 为你 <br> 推荐 </a></li>
            <li><a href="#"> 客户 <br> 服务 </a></li>
            <li><a href="#"> 意见 <br> 反馈 </a></li>
        </ul>
    </div>
</body>
```

【代码解析】整个结构分为横向、纵向两部分，分别设置两个<div>。横向导航栏<div>的id为“hxdh”，纵向导航栏<div>的id为“zxdh”。横向导航栏用列表标签<li>来定义导航栏中的十个栏目，在<li>标签中嵌套超链接。纵向导航栏也利用列表标签<li>来定义导航栏中的六个栏目，在<li>标签中嵌套超链接。

2. 样式代码

“东华商城”网页的横向与纵向导航栏设置的样式参考代码如下：

```
<style type="text/css">
    /* 公共样式 */
    a {text-decoration:none; color:#8c8c8c;}
    a:hover {color:red;}
    Li {list-style:none;}
    /* 横向导航样式 */
    #hxdh {margin:0 auto; width:1000px; height:20px;}

    #hxdh li {float:left; margin:0 10px;}
    .ts a {color:#cb0000; font-weight:600;}
    .ts a:hover {color:#FF0000; font-weight:800;}
    /* 纵向导航样式 */
    #zxdh li {padding:10px; width:40px; height:40px; text-align:center;}
    #zxdh li:hover {background-color:red;}
    #zxdh a:hover {color:white;}
</style>
```

【代码解析】“公共样式”部分主要处理超链接的共同效果，包括设置text-decoration属性的值为none，去除超链接除默认下划线。利用hover状态属性，设置超链接鼠标悬停在文本上时，文本变红色效果。设置list-style属性为none，去除列表默认的项目符号。对于“横向导航样式”部分，先设置横向导航的整体宽度1 000 px和高度20 px，利用float属性设置横向导航中的列表向左浮动，从而实现列表横向排列，再设置横向导航“#hxdh”盒子的margin为“0 auto”使其整体居中显示，利用color和 font-weight将前两个导航菜单设置为红色，并加粗呈现。对于“纵向导航样式”设置，定义每个纵向列表li的高度和宽度均为40 px，利用text-align让链接文本保存水平居中，在利用hover属性实现鼠标经过纵向导航每个菜单时，背景变红文字变为白色的效果。

经验小贴士：

①列表标签不仅用于列表或导航的布局描述，当需要对多个同类型、同外观的多模块组合结构布局时，重点考虑使用列表标签。

②在布局时，一般都需对列表标签重新定义样式。利用 list-style:none 可以去掉默认的列表标签项目符号，然后依据元素的盒子模型相关属性进行设置。

③通常可以利用设置 div 盒子的 margin:0 auto 来使盒子水平居中，0 代表上、下外边距为 0，而 auto 表示左、右外边距自动调节，此方法要求 div 盒子的高度 height 和宽度 width 的值是明确的。

单元二　制作学院简介页面

2.2.1 HTML结构元素

1. 结构元素

<header>、<nav>、<section>、<aside>、<article>和<footer>标签是HTML5新加入的结构

元素标签。利用新增的结构元素标签可以增强代码结构的可读性。

视 频
制作学院简介页面

<header>标签：通常用于定义文档或者文档的一部分区域的页眉，也可作为介绍内容或者导航链接栏的容器。

<nav>标签：专门用于定义导航链接，以便让用户能够更快地访问文档中的内容。

<article>标签：可用于定义博客文章、新闻条目、论坛帖子、聊天消息等，用于提供可重用的文章内容，以便在网站上使用多次。

<section>标签：定义了文档的某个区域，可用来把文档分割成章节、类别、模块等不同部分，以便在网站上多次重用。

<aside>标签：定义文档中的非必要内容，<aside>的内容应该与附近的内容相关，如边栏、侧边栏、广告、提示信息等。

<footer>标签：定义 section 或 document 的页脚，如公司信息、版权声明、技术支持等。

结构元素标签所定义的结构部分并非固定不变的，会根据文档的结构灵活选择。通常可以利用语义化的结构元素标签对原来传统的div布局的页面进行改写，如图2-7所示。使用<header> 标签来布局页面头部，其功能相当于左边页面中id为“header”的<div>；利用<nav>标签来布局导航部分，与左边页面中id为“nav”的<div>对应；采用<aside>标签来布局侧边栏，与左边页面中id为“aside”的<div>等效；通过<article>标签来布局内容区域，相当于左边页面中id为“article”的<div>；最后，使用<footer>标签来布局页脚部分，与左边页面中id为“footer”的<div>一致。

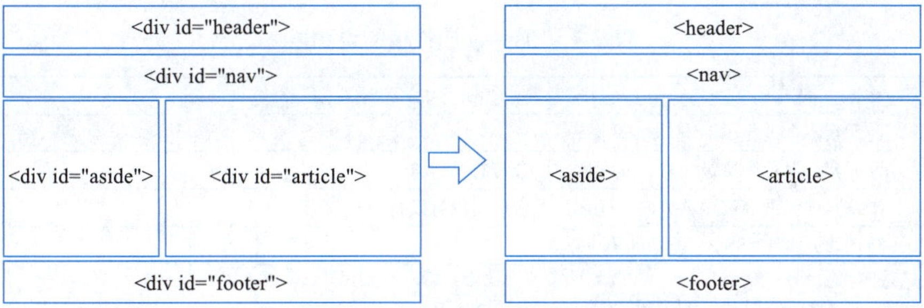

图 2-7　结构元素标签改写页面布局

2. 全局属性

结构元素标签与<div>标签类似，支持CSS全局属性。部分属性详细描述见表2-2。

表 2-2　结构标签元素的部分全局属性

属　性	描　　述
contenteditable	规定是否可编辑元素的内容
dir	元素中内容的文本方向
draggable	指定某个元素是否可以拖动
title	规定元素的额外信息
hidden	规定对元素进行隐藏

示例代码如下：

```
<body>
    <header>header</header>
    <nav contenteditable="true">nav</nav>
```

```
    <aside  draggable="true">aside</aside>
    <article title=" 主要内容 ">article</article>
    <aside hidden="hidden">aside-right</aside>
    <footer title=" 页脚 ">footer</footer>
</body>
```

3. 块级元素与行内元素

块级元素和行内元素是HTML中定义页面布局和样式的不同性质的元素。常见的块级元素有：div、p、h1-h6、ul、ol、dl、table、blockquote、address、form、hr等。常见的行内元素有：span、strong、em、i、label、q、var、cite、input、select、textarea等。块级元素和行内元素的区别详细描述见表2-3。

表 2-3　块级元素和行内元素的区别

方面	块级元素	行内元素
布局	块级元素独占一行	行内元素不会独占一行，允许有相邻行内元素在同行
样式	块级元素可以设置宽度和高度	行内元素只能设置行高，不能设置宽度
外边距	可设置上下左右外边距	可设置左右外边距，不能设置上下外边距
父元素	块级元素可以作为其他块级元素的父元素	行内元素只能作为块级元素的子元素

典型的块级元素是div。典型的行内元素是span。而img元素既有行内元素的特性，又有块级元素的特性。行内元素和块级元素通常可以通过display属性进行转换。display属性的值详细描述见表2-4。

表 2-4　display 属性值的说明表

属性值	说　明
none	此元素不会被显示
block	此元素将显示为块级元素，此元素前后会带有换行符
inline	默认。此元素会被显示为内联元素，元素前后没有换行符
inline-block	行内块元素（CSS 2.1 新增的值）

块级元素和行内元素之间转换的示例代码如下：

```
<!-- 块级元素和行内元素结构 -->
<div class="aa">
    <span> 内容 A</span>
</div>
<div class="aa">
    <span> 内容 B</span>
</div>
<div class="bb">
    <span> 内容 C</span>
    <span class="cc"> 内容 D</span>
    <span> 内容 E</span>
</div>

/* 块级元素和行内元素转换样式 */
.aa, .bb {height:40px; text-align:center; border:2px solid red;}
.aa {display:inline-block; width:100px;}
.bb {display:block; width:208px;}
```

```
.cc {display:inline-block; width:100px;}
```

块级元素和行内元素相互转换的示例效果如图2-8所示。内容A块与内容B块由于属性调整，从块级元素转变为行内块元素，因此它们的排列方式也由原先的上下堆叠改为左右并排。内容D块经历了从行内元素到行内块元素的转变，融合了行内与块级元素的特性，并因此能够展示其设定的100 px宽度。

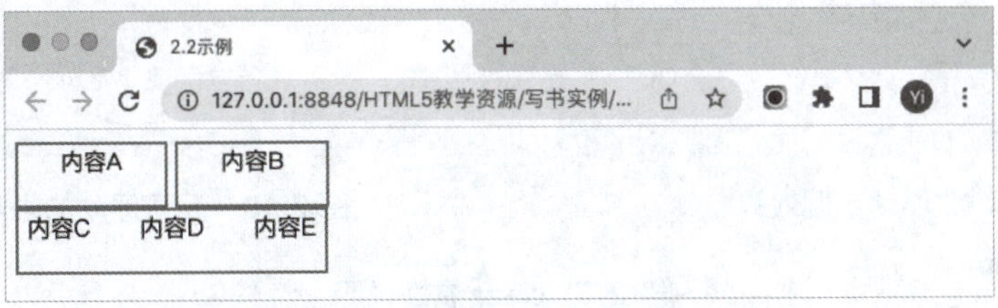

图 2-8　块级元素和行内元素转换示例效果

2.2.2　浮动与清理浮动

1. 浮动

HTML中元素的排列通常是从上到下或从左到右排列，称为“常规流”。所有元素在默认情况下都属于常规流布局。有时需要让元素移到左边或右边，使用float属性可以达到目标。float属性是CSS中的浮动布局属性，可用于将元素向左或右移动，从而在网页的布局中起到重要作用。float属性的值默认为none，表示不浮动，可以设置为left或right，表示脱离常规流，实现向左或向右浮动。示例代码如下：

```
<!-- 浮动示例结构 -->
<div id="div1">
    <div>Div 1</div>
</div>
<div id="div2">
    <div>Div 2</div>
</div>
/* 浮动示例样式 */
#div1, #div2 {border:1px solid #000;}
#div1 {float:left; width:200px; height:100px; margin:0 auto;}
#div2 {float:right; width:100px; height:200px; margin:0 auto;}
```

Div 1和Div 2是两个带边框的div盒子，默认情况在页面中从上到下排列。先对Div 1设置了左浮动的属性，Div 2设置了右浮动的属性，从而实现了两个div在页面中的左、右两侧呈现，如图2-9所示。

2. 清理浮动

元素浮动后，脱离了常规流，导致对该元素周边其他元素的布局产生影响。如上例中的Div 1和Div 2浮动导致对后面没有浮动的Div 3盒子产生了影响。Div 3的样式代码如下：

```
#div3 {height:30px; clear:right; background-color:gray;}
```

浮动导致对Div 3位置影响，效果如图2-10所示。

为了消除浮动导致的影响通常可以在元素上添加一个clear属性。clear属性的值详细描述见表2-5。

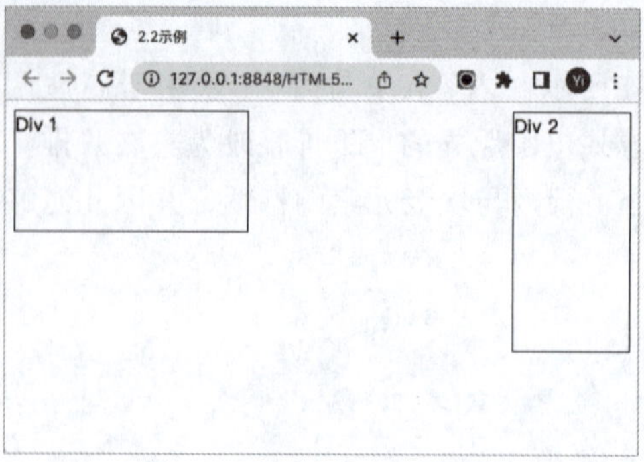

图 2-9　左、右浮动示例效果

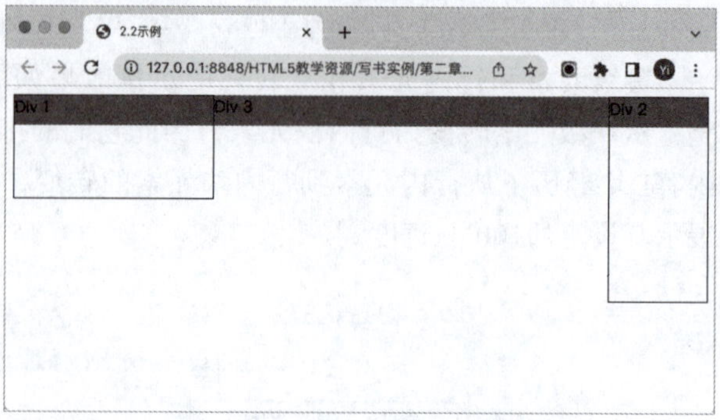

图 2-10　元素浮动的影响效果

表 2-5　clear 属性说明

属性值	描　述
left	在左侧不允许浮动元素
right	在右侧不允许浮动元素
both	在左右两侧均不允许浮动元素
none	默认值。允许浮动元素出现在两侧

在Div 3上添加clear属性值为left，消除左侧浮动的Div 1元素的影响，但是右侧仍然有浮动元素Div 2，所以效果如图2-11所示。

在Div 3上添加clear属性值为right，消除右侧浮动的Div 2元素的影响，所呈现结果如图2-12所示。但通常设置clear属性为both，清除左、右浮动元素的影响。

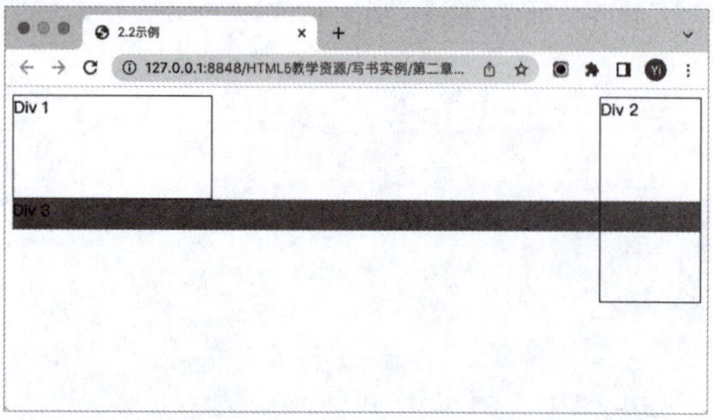

图 2-11　左侧清除浮动影响的页面效果

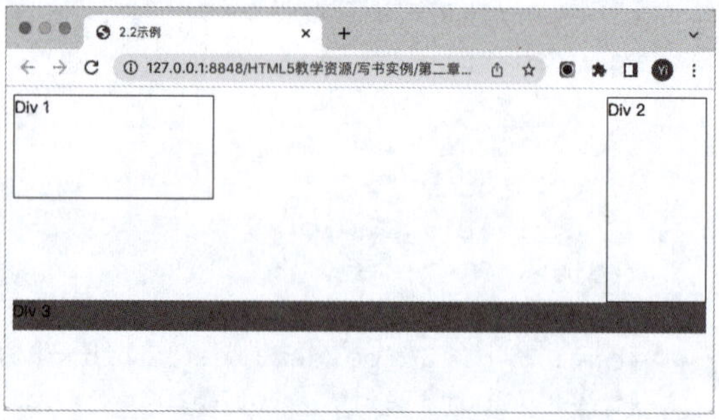

图 2-12　右侧清除浮动的页面效果图

3. 元素高度塌陷

若id为“father”的盒子内部有两个类名为“son”的子盒子，示例代码如下：

```
<!-- 盒子高度塌陷结构 -->
<div id="father">
    <span> 我是父盒子 </span>
    <div class="son">
        <span> 这是子盒子 1</span>
    </div>
   <div class="son">
    <span> 这是子盒子 2</span>
</div>
</div>
```

```
/* 父盒子高度塌陷样式 */
#father {width:300px; background-color:#00b0dc;}
.son {width:100px; height:100px; background-color:#a2a223; border:1px solid
gray;}
```

父盒子与子盒子嵌套，当父盒子不设置高度，子盒子设置了高度为100 px，按常规流排列，父盒子会被自动撑开，其页面效果如图2-13所示。

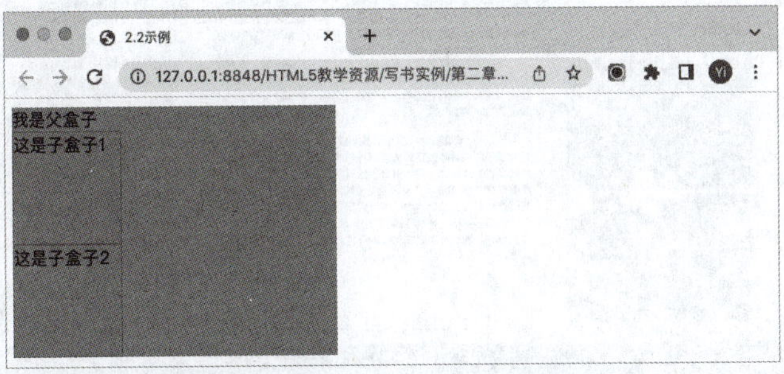

图 2-13　父子盒子嵌套的页面效果

若子盒子设置浮动，在son的类样式代码中添加float:left，便使子盒子1、子盒子2脱离常规流，飘出父盒子，从而将导致父盒子的高度塌陷，效果如图2-14所示。

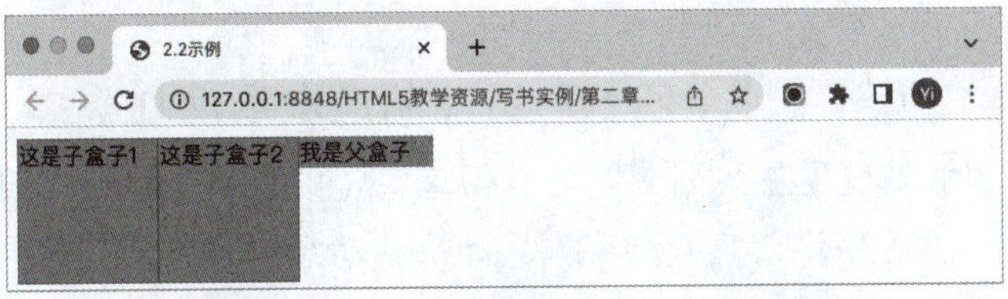

图 2-14　父盒子高度塌陷的页面效果

通常在父元素的样式中加入overflow:hidden的属性，从而消除因为子元素的浮动导致父元素高度塌陷的问题，效果如图2-15所示。

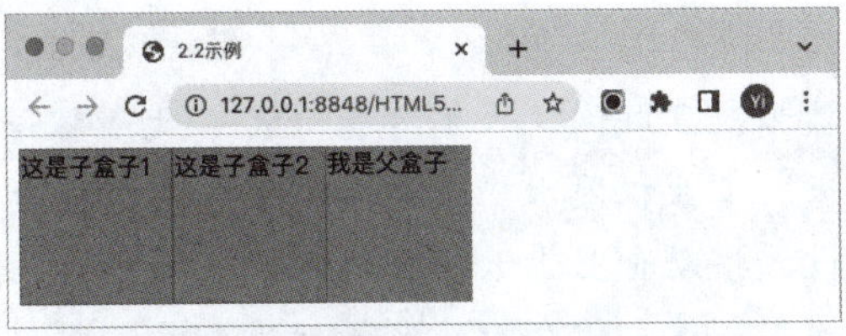

图 2-15　消除父盒子高度塌陷页面效果

2.2.3　任务实践——制作学院简介页面

【任务背景】学院简介页面是学院门户网站中重要的部分。该页面展示了学院的基本情况，访问者通过简介页面能快速了解学院。本任务完成学院简介页面的制作，学院简介页面包括页面头部banner、页面导航、左侧模块、学院介绍内容及页脚部分。

【任务要求】本任务完成先进制造学院的简介页面布局。学院简介页面由页眉、banner、导航、侧边栏、文本内容区及页脚部分组成，利用HTML5的结构元素标签（包括<header>、<nav>、<aside>、<section>、<article>、<footer>）建立页面结构，再结合CSS进行浮动布局，实现学院简介页面，如图2-16所示。

图 2-16 学院简介页面效果

● 视频

任务实践——制作学院简介页面

素养园地

了解《“十四五”智能制造发展规划》

《“十四五”智能制造发展规划》是为贯彻落实《中华人民共和国国民经济和社会发展第十四个五年规划和2035年远景目标纲要》，加快推动智能制造发展而编制的纲领性文件。

发展路径和目标：到2025年，规模以上制造业企业基本实现数字化，重点行业初步实现智能化；突破一批智能制造关键核心技术，形成一批具有国际竞争力的智能制造系统解决方案供应商；构建完善的智能制造标准体系，形成一批智能制造示范工厂和产业集群。到2035年，规模以上制造业企业全面普及数字化网络化，重点行业骨干企业基本实现智能化。

重点任务包括：突破工业互联网、人工智能、5G、大数据等关键技术在制造业中的应用；推动高端数控机床、工业机器人、增材制造装备等智能制造装备的研发和应用；加快工业互联网平台建设，推动企业上云用数赋智；在重点行业建设一批智能制造示范工厂，推广智能制造新模式；建立健全智能制造标准体系，推动国际标准制定，提升中国在国际智能制造领域的话语权。

重点领域涵盖装备制造、电子信息、汽车制造、航空航天、生物医药等行业。推动高端装备制造业的智能化升级，加快电子信息产业的智能化转型，重点发展智能网联汽车和新能源汽车，提升航空航天制造业的智能化水平，推动生物医药产业的智能化转型，提升药品生产的自动化水平和质量控制能力。

通过《“十四五”智能制造发展规划》的实施，预计将显著提升制造业生产效率，降低生产成本，提高产品质量，增强企业竞争力；推动制造业绿色低碳发展，减少资源消耗和环境污染；提升中国制造业在国际市场的竞争力，推动中国制造向中国智造转变，为实现制造强国目标奠定坚实基础。

【任务实施】

1. 结构代码

先进制造学院主页整体布局分为上、中、下结构，对应网页的顶部、中间和底部。

①顶部的结构代码如下：

```
<div id="top">
    <p> 欢迎，您是本网站的第 1799 名访客！ </p>
</div>
<header>
    <img src="img/xb_LOGO.png" width="400">
    <img src="img/news_topBg.png" width="580">
</header>
<nav>
    <ul>
        <li><a href="#"> 首页 </a></li>
        <li><a href="#"> 学院概况 </a></li>
        <li><a href="#"> 专业建设 </a></li>
        <li><a href="#"> 教学管理 </a></li>
        <li><a href="#"> 技能实训 </a></li>
        <li><a href="#"> 招生就业 </a></li>
        <li><a href="#"> 党建工作 </a></li>
        <li><a href="#"> 学生工作 </a></li>
        <li><a href="#"> 荣誉风采 </a></li>
        <li><a href="#"> 校友天地 </a></li>
    </ul>
</nav>
```

【代码解析】顶部呈现访客欢迎词“欢迎，您是本网站的第1799名访客！”，用<div>结合<p>标签实现。banner部分用<header>标签来布局，导航部分用<nav>结合列表标签来实现。

②中间部分包括学院概括导航栏和学院简介文章两部分，代码如下：

```
<div id="mid">
    <aside>
        <h3> 学院概况 </h3>
        <ul>
            <li> 学院简介 </li>
            <li> 组织架构 </li>
            <li> 行政人员 </li>
            <li> 联系我们 </li>
        </ul>
        <div>
            <img src="./img/xjzz.png" width="260">
            <img src="img/xjzz2.png" width="260">
        </div>
    </aside>
    <section>
        <article>
            <h3> 先进制造学院简介 </h3>
            <p> 先进制造学院紧跟中华民族伟大复兴、粤港澳大湾区发展对环保装设备、智能制
造、信息技术、物联网及大数据技术人才的旺盛需求，...... </p>
            <p> 先进制造学院拥有一支素质优良、教科研能力强、专兼结合的“双师型”师资队
```

```
伍...... </p>
                <p> 近 3 年，专业教师获国家级教学成果奖二等奖 1 项、省级教学成果奖一等奖 2 项，
...... </p>
            </article>
        </section>
    </div>
```

③中间主要内容部分包括左、右两部分组成。左侧学院概括导航栏用<aside>标签结合列表标签描述；右侧学院简介采用<section>和<article>结构标签呈现文章内容。

④底部内容包含联系地址、电话、版权信息，代码如下：

```
    <footer>
        <p> 地址：×× 省 ×× 市 ×× 区 ×× 路 ×× 号 办公电话：000-00000000</p>
        <p> 版权所有：先进制造学院 盗版必究 </p>
        <p>Powered by Advanced Manufacturing Institute © 2020-2023</p>
    </footer>
```

最底端页脚部分可以用<footer>结构标签来描述，<p>标签中包含地址、电话和版权信息。

2. 样式代码

全局与顶部“top”部分样式代码如下：

```
    /* 设置 body 的背景颜色及内外边距为 0 */
    body {padding:0; margin:0; background-color:#e5eef6;}
    /* 设置顶部 top 部分的样式 */
    #top {width:100%; height:38px; line-height:38px; background-color:#e6e6e6;
border-bottom:1px solid gray;}
    #top p {width:1000px; padding-left:100px; margin:0 auto; font-size:14px;}
    /* 设置 header */
    header {width:1000px; margin:0 auto;}
    nav {background-color:#1247f9;}
    nav ul {width:1000px; height:38px; margin:0 auto; line-height:38px;}
    nav ul a {color:snow; text-decoration:none;}
    nav ul li {display:inline-block; width:92px; text-align:center; list-
style:none;}
    nav ul li:hover {background-color:#0099e5;}
```

【代码解析】首先，对body部分的默认内外边距样式进行清除，设置顶部的样式，包括外层id为“top”的div样式宽度为100%，高度为38 px，有1个像素的下边框线，背景颜色为灰色。设定顶部欢迎词的内容区域宽度为1 000 px，用margin布局居中效果。导航部分设置背景颜色为蓝色，定义列表项宽度为92 px，列表项有鼠标悬停变色效果。

中间“mid部分样式”代码如下：

```
    /* mid 部分样式 */
    #mid {width:1000px; height:600px; margin:20px auto;}
    #mid aside {float:left; width:260px; height:600px; border:1px solid blue;}
    #mid aside h4 {text-align:center;}
    #mid aside ul {padding:0;}
    #mid aside li {height:40px; padding-left:20px; line-height:40px; list-
style-type:none;}
    #mid aside li:hover {background-color:#00b0dc;}
    #mid section {float:right; width:700px; height:600px; border:1px solid
```

```
#008000;}
    #mid section article {margin:0 10px;}
    #mid section article h3 {text-align:center;}
    #mid section article p {text-indent:2em;}
```

【代码解析】中间部分放在一个大的id为mid的div中，统一设置宽度为1 000 px、高度600 px，用“margin:0 auto”实现居中布局，与导航部分间隔20 px。内部分左、右布局。左侧是aside部分，宽度为260 px；右侧是section部分，宽度为700 px。利用浮动属性实现左、右布局，并设置左右的边框效果。

底部<footer>部分的样式代码如下：

```
    footer {height:120px; padding-top:20px; margin-top:20px; font-size:14px;
line-height:12px; color:white; text-align:center; background-color:#1247f9;}
```

底部页脚部分宽度为100%呈现，用text-align:center实现所有内容居中。设置文字的大小、颜色及行高。

经验小贴士：

①通常是否使用结构元素标签来布局，需考虑项目团队整体的代码编写风格，并非所有布局都必须使用结构标签。

② <header>、<nav>、<section>、<aside>、<article> 和 <footer> 结构标签都属于块级元素，布局时遵从盒子模型的特征。

③对固定宽度的盒子，设置页面居中时通常采用 margin 属性，如 margin:0 auto，上下外边距为 0，左右外边距自动。

④标签的自身属性的值涉及单位时可以省略，如 <img width="300">，默认单位为 px，即宽度为 300 px。

单元三　HTML5 语义标签的综合使用

2.3.1 HTML5新增语义标签

1. <figure>标签组

<figure>标签组用于定义图片、图表、照片、代码片段、引用等内容。它可以与其他内容一起呈现，使内容更加有条理。<figure>标签组可以为内容添加标题，以便更好地理解内容。<figcaption>标签嵌套在<figure>标签内部，用于定义figure元素的标题，用于对元素进行组合。示例代码如下：

```
<!-- figure 图表标签组 -->
<figure>
    <figcaption> 乡村中国梦 </figcaption>
    <img src="img/countryside2.png" width="300">
</figure>
<figure>
    <figcaption> 美丽乡村 </figcaption>
    <img src="img/countryside1.png" width="300">
</figure>
```

<figure>标签组的网页效果与普通<div>标签一样，只是让代码更具语义化，页面效果如图2-17所示。

图 2-17 <figure> 标签组页面效果

2. <details>标签组

<details>标签组用来供用户开启关闭的交互式控件。任何形式的内容都能被放在 <details> 标签里边。<details>与<summary>标签经常配合使用，<summary>可以为details定义标题。<details>标签默认open属性是一个布尔值，其值为open。示例代码如下：

```
<details open="open">
    <summary>中国的直辖市</summary>
    <ol>
        <li>北京</li>
        <li>上海</li>
        <li>天津</li>
        <li>重庆</li>
    </ol>
</details>
```

details标题是可见的，用户可以通过单击details标题来控制details内容的显示和隐藏。<details>标签组的示例效果如图2-18所示。

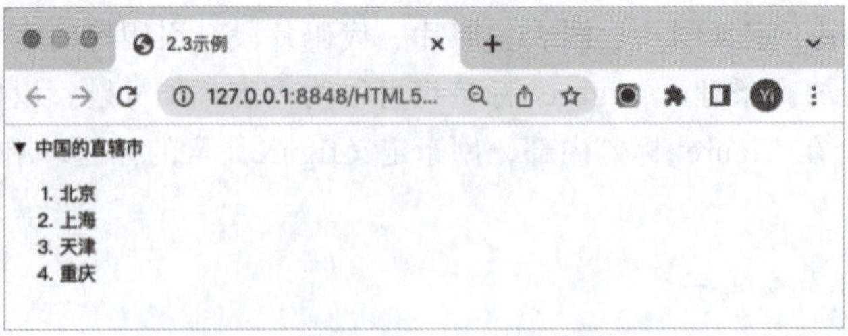

图 2-18 <details> 标签组示例页面效果

3. <progress>和<meter>标签

<progress>标签定义运行中的任务进度。通常<progress>标签与JavaScript一起使用来显示任务的进度。<progress>标签有两个属性，max属性表示规定需要完成的值。value属性规定进程的当前值。代码如下：

```
<span> 下载：</span><progress value="50" max="100">123</progress>
```

<progress>标签不适合用来表示度量衡。HTML中使用<meter>标签定义度量衡，仅用于已知最大和最小值的度量，如磁盘使用情况、投票获得票数情况等。meter元素的使用格式如下：

```
<meter min=" 最小值 " max=" 最大值 " low=" 低标度 " high=" 高标度 " value=" 当前值 "
optimum=" 最优值 "></meter>
```

meter元素的属性及描述见表2-6。

表 2-6 meter 元素的属性及描述

属性	描述
form	规定 <meter> 元素所属的一个或多个表单
high	规定被界定为高的值的范围
low	规定被界定为低的值的范围
max	规定范围的最大值
min	规定范围的最小值
optimum	规定度量的最优值。注意：当 optimum 大于 high，表明越大越好，而当 optimum 小于 low 值，表示越小越好
value	必需，规定度量的当前值

<progress>和<meter>标签的示例代码如下：

```
<div>
    <span> 下载进度：</span><progress value="50" max="100">123</progress><br>
    <span> 废气排放指数：</span><meter value="2" min="0" max="10">2 out of 10</
meter><br>
    <span> 废水排放指数：</span><meter min="0" max="100" low="60" high="80" value=
"50" optimum="100"></meter>
</div>
```

示例效果如图2-19所示。

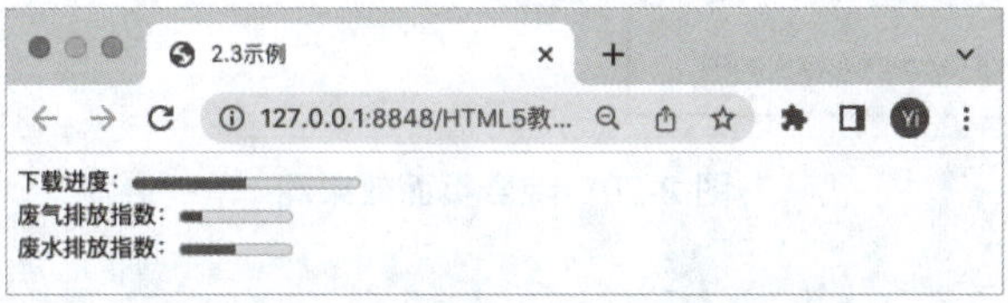

图 2-19 <progress> 和 <meter> 标签的示例效果

4. <mark><cite><time>标签

<mark>标签定义带有记号的文本，呈现高亮效果。<cite>标签定义作品（如书籍、歌曲、电影、电视节目、绘画、雕塑等）的标题。<time>标签定义公历的时间（24 小时制）或日期，时间和时区偏移是可选的。示例代码如下：

```
<p><cite>The Scream</cite> by <mark>Edward Munch.</mark> Painted in <time>
1893-2-21 <time> </p>
```

2.3.2 任务实践——编写综合页面

【任务背景】利用HTML5的语义元素，完成综合页面内容的编写。页面内容包括五部分：插入一张鸟巢的图片及其标题；中国的四大直辖市的折叠显示；下载进度条与充电进度条；多名成员投票结果的可视化展示；经典名言宣传栏。

【任务要求】本任务利用语义标签元素完成。利用<figure>标签呈现两个并列的图片组；利用<details>和<summary>标签组实现“上海合作组织成员国”列表的收折效果；利用<progress>标签描述进度条，利用<meter>标签描述投票榜，以及利用<cite>、<mark>和<div>标签描述《共产党宣言》的宣传栏，效果如图2-20所示。

图 2-20　综合页面效果图

素养园地

真理之思魅力永恒

“一个幽灵，共产主义的幽灵，在欧洲游荡。为了对这个幽灵进行神圣的围剿，旧欧洲的一切势力，教皇和沙皇、梅特涅和基佐、法国的激进派和德国的警察，都联合起来了……”

以上是《共产党宣言》的经典开头，文字以“幽灵”比喻共产主义思想在欧洲的传播，并指出当时欧洲的旧势力如何联合起来试图压制这一新兴的思想。共产主义思想的形象描述和对旧势力反应的揭示，展现了19世纪欧洲社会的政治氛围和阶级斗争的紧张局势，同时也预示了共产主义思想将对世界历史产生的深远影响。

《共产党宣言》是卡尔·马克思和弗里德里希·恩格斯为共产主义者同盟起草的纲领，首次于1848年2月21日在伦敦以单行本问世，1848年2月24日《共产党宣言》正式出版。

《共产党宣言》第一次全面系统地阐述了科学社会主义理论，指出共产主义运动将成为不可抗拒的历史潮流。共产党宣言的诞生标志着马克思主义的诞生，对全世界的无产阶级革命运动起了巨大的推动作用。

【任务实施】

1. 结构代码

综合页面的具体结构代码如下：

```
<body>
<figure>
    <figcaption> 鸟巢 </figcaption>
    <p> 拍摄于：2022-3-15</p>
    <img src="niaocao.jpeg">
</figure>
<figure>
    <figcaption> 广州塔 </figcaption>
    <p> 拍摄于：2022-3-15</p>
    <img src="gzt.webp">
</figure>
<div class="cls"></div>
<hr>
    <details open="open">
        <summary> 上海合作组织成员国 </summary>
        <ol>
            <li> 中国 </li>
            <li> 俄罗斯 </li>
            <li> 哈萨克斯坦 </li>
            <li> 吉尔吉斯斯坦 </li>
            <li> 塔吉克斯坦 </li>
            <li> 乌兹别克斯坦 </li>
            <li> 印度 </li>
            <li> 巴基斯坦 </li>
            <li> 伊朗 </li>
            <li> 白俄罗斯 </li>
        </ol>
    </details>
</hr>
<span> 下载进度：</span><progress max="5" value="2"></progress>
<span> 充电进度：</span><progress max="10" value="2"></progress>
<hr>
    <h4> 投票榜 </h4>
    <span> 张三：</span><meter min="0" max="100" low="50" high="90"
value="91" optimum="100"></meter>
    <span> 李四：</span><meter min="0" max="100" low="50" high="90"
value="58" optimum="100"></meter>
    <span> 王五：</span><meter min="0" max="100" low="50" high="90"
value="30" optimum="100"></meter>
</hr>
<div id="max">
    <h3><cite>《共产党宣言》</cite></h3>
```

```
        <p>一个<mark>幽灵</mark>，共产主义的<mark>幽灵</mark>，在欧洲游荡。为了对
这个幽灵进行神圣的围剿，旧欧洲的一切势力，教皇和沙皇、梅特涅和基佐、法国的激进派和德国的警察，
都联合起来了……</p>
        <p dir="rtl">————卡尔·马克思和弗里德里希·恩格斯</p>
    </div>
    </body>
```

【代码解析】利用<figure>结合<figcaption>标签实现图片组合。利用<details>结合<summary>标签实现上海合作组织成员国列表的显示或隐藏的收折效果。利用<progress>标签实现下载效果。利用<meter>标签实现投票榜的得票情况对比展示。利用<div>标签结合<cite><mark>等标签实现《共产党宣言》宣传栏。

2. 样式代码

综合页面的具体样式代码如下：

```
    <style type="text/css">
        figure img {width:300px; height:200px; border-radius:20px;}
        figure {float:left;}
        .cls {width:0; height:0; clear:both;}
        #max {width:400px; height:200px; padding:20px; line-height:1.5em; border:
10px groove;}
        #max p {text-indent:2em;}
        #max h3 {text-align:center;}
    </style>
```

【代码解析】先利用border-radius属性对图片进行圆角修饰。利用float属性实现图片组合实现样式并排。为了消除float属性对后面元素导致的影响，添加了一个清浮动clear的样式。设置宣传栏的样式时，利用border属性对边框进行修饰，利用text-indent属性对文本进行首行缩进，同时设置行高属性line-height。

经验小贴士：

①要实现多个 div 盒子水平布局，可以考虑使用 float 属性。但 float 属性通常会导致其他元素的位置受到影响。通常专门设置一个用于清理浮动的 div 盒子，其高度、宽度为零，最重要的是设置其 clear 属性。

②语义类标签除了对人类友好之外，也十分适宜机器阅读。它的文字表现力丰富，更适合搜索引擎优化（search engine optimization，SEO），推荐多使用语义标签。

单元四　制作股票信息表

2.4.1　表格标签

1. <table>标签

表格<table>元素标签是由行组成，每行又由单元格组成。每行<tr>标签都包含标题行单元格<th>或数据单元格<td>。一个表格包括若干行，每行由若干单元格组成。在 HTML5中，<table>标签仅支持border属性。border属性用来定义表格的边框。示例代码如下：

```
    <!-- 表格标签示例 -->
```

```
<table border="1">
    <tr>
        <th> 日期 </th>
        <th> 薪水 </th>
        <th> 开销 </th>
    </tr>
    <tr>
        <td> 一月 </td>
        <td>&yen;5000</td>
        <td>&yen;3000</td>
    </tr>
    <tr>
        <td> 二月 </td>
        <td>&yen;6500</td>
        <td>&yen;4500</td>
    </tr>
    <tr>
        <td> 积蓄 </td>
        <td colspan="2" align="center">&yen;4000</td>
    </tr>
</table>
```

tr元素定义行，td元素定义单元格。td元素有两个重要属性：colspan和rowspan，colspan用来设置横跨列数，rowspan设置纵行跨多少行。示例页面效果如图2-21所示。

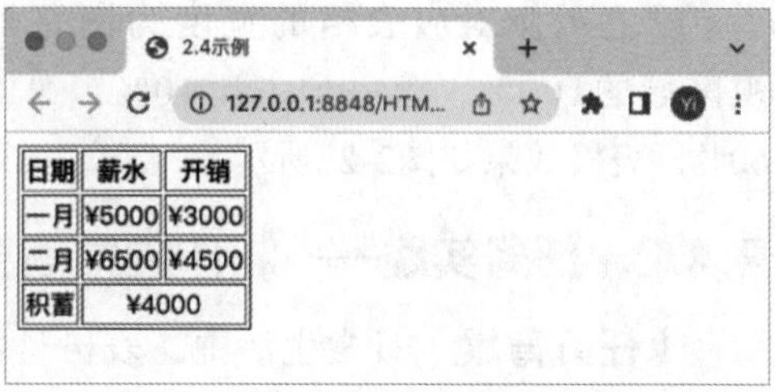

图 2-21　表格标签示例页面效果

2. 表格相关标签

复杂的 HTML 表格还可以包括<col>、<colgroup>、<caption>、<thead>、<tfoot>及<tbody>元素。作为table的子元素，<caption>定义表格标题，<colgroup>定义一个列的组合，<col>定义一列。<thead>、<tfoot>及<tbody>经常结合起来规定表格的各个部分。<thead>定义表头区，<tfoot>定义表的脚部。标签组合的实例代码如下：

```
<table border="1" width="100%">
 <!-- 表标题 -->
 <caption> 收入明细 </caption>
 <!-- 规定每列的组合样式 -->
 <colgroup>
     <col width="40%" style="background-color:#e6e6e6;">
     <col width="60%" style="background-color:gold;">
 </colgroup>
 <!-- 表头部分 -->
 <thead>
     <tr>
         <th> 日期 </th>
         <th> 收入 </th>
     </tr>
 </thead>
 <!-- 主体部分 -->
```

```
<tbody>
    <tr>
        <td> 一月 </td>
        <td>&yen;5000</td>
    </tr>
    <tr>
        <td> 二月 </td>
        <td>&yen;6000</td>
    </tr>
    <tr>
        <td> 总计 </td>
        <td>&yen;11000</td>
    </tr>
</tbody>
<!-- 表脚部分 -->
<tfoot>
    <tr>
        <td colspan="2"> 说明：已扣除个人所得税 </td>
    </tr>
</tfoot>
</table>
```

以上示例对应表格的宽度为浏览器窗口可视区域的100%，第一列占比40%，第二列占比60%，表格效果如图2-22所示。

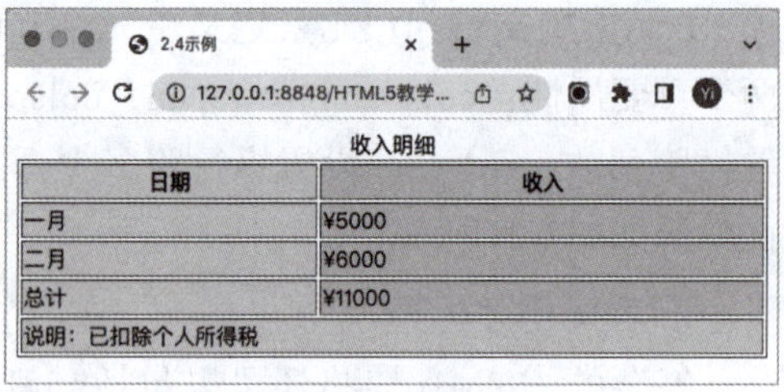

图 2-22　示例表格效果

2.4.2　任务实践——制作股票信息表

【任务背景】日常生活中，表格是常见的内容，如财务数据、时刻表等。本任务利用<table>及其相关的标签，完成股票信息表的制作。页面内容包括表头和具体的内容行。不同行内容样式不同，利用CSS样式，将各行设置为合适的外观样式。

【任务要求】本任务制作股票信息表，表格内容包括表头信息是股票名称、最新价、涨跌幅，第二行到第五行是具体的股票信息。股票名称样式一致，价格与涨跌幅内容具有不同样式，如图2-23所示。

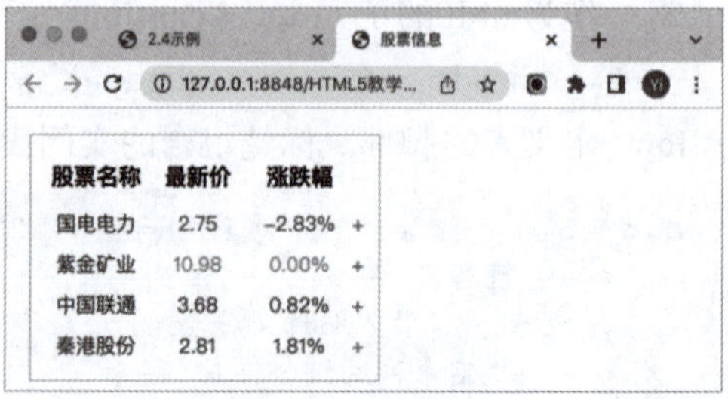

图 2-23　股票信息表效果

【任务实施】

1. 结构代码

股票信息表的结构代码如下：

```
<body>
    <table border="0">
            <tr><th> 股票名称 </th><th> 最新价 </th><th> 涨跌幅 </th></tr>
            <tr class="second"><td class="gray"> 国电电力 </td><td>2.75</td><td>
-2.83%</td><td class="plus">+</td></tr>
            <tr class="third"><td class="gray"> 紫金矿业 </td><td>10.98</td><td>
```

```
0.00%</td><td class="plus">+</td></tr>
            <tr class="five"><td class="gray">中国联通</td><td>3.68</td><td>
0.82%</td><td class="plus">+</td></tr>
            <tr class="five"><td class="gray">秦港股份</td><td>2.81</td><td>
1.81%</td><td class="plus">+</td></tr>
      </table>
   </body>
```

【代码解析】先创建基础表格，利用<table>标签结合<th><tr><td>实现表的结构，创建五行内容。第一行为表头，后四行为内容。定义后四行的类名，第二行为“second”第三行为“third”第四行和第五行的效果都定义为“five”。定义第一列单元格td的类名为“gray”，最后一列的类名为“plus”。

2. 样式代码

股票信息表的样式参考代码如下：

```
   * {padding:0; margin:0;}
   table tr th {color:black; font-weight:800; font-family:"ms sans serif";
font-size:18px; width:80px; height:40px;}
   table tr {text-align:center; font-size:16px; height:30px;}
   table {border:1px solid #CCCCCC; margin:20px; padding:10px;}
   .second {color:#2a9970;}
   .third {color:#b4b4b4;}
   .five {color:red;}
   .gray {color:#626262;}
   .plus {width:10px; color:#999;}
```

【代码解析】首先利用通配符“*”将所有内边距和外边距设置为0。利用“table tr th”选择器将表头样式设为：字体微软雅黑，20 px大小，居中显示，行高为40 px。利用“table tr”选择器将第二到第五行内容部分字体大小为16 px，居中显示，行高为30 px。定义第一列“gray”类的字体颜色为灰黑色。定义类名为“second”“third”“five”的文字颜色分别为绿色、灰色、红色。设置“plus”类的样式，将最后一列表示添加“+”图标，统一为宽度10 px，颜色为灰色。

经验小贴士：

①表格标签除了应用于实际的表格外，有时也可用来布局简单的结构，如导航结构。

②各种标签在不同浏览器渲染下会存在一定的默认内外边距差异，为清除此差异，通常可以用通配符匹配所有元素，并设置内外边距为零来解决。

③表格自带的默认属性已经逐渐被HTML5所弃用，通常用CSS来设置样式，表格默认也有内外边距，也可以通过设置padding和margin为0来消除默认边距。

小　结

本模块主要学习了列表标签、盒子模型、结构元素标签、语义元素标签、浮动布局及清理浮动、表格元素及其各种元素的应用等内容。

列表通常用于布局导航栏、展示栏等模块结构类似的内容。要布局好页面，需深刻理解盒子模型。盒子模型是由内边距（padding）、外边距（margin）、边框（border）以及盒子内容（content）四部分组成。HTML5新增的结构标签包括<header>、<nav>、<section>、<aside>、

<article>和<footer>标签。在网页结构的布局中充分利用结构标签有利于增强可读性和可控性。浮动布局是常用的一种控制元素布局的方法，加上浮动属性后可以使得元素脱离常规流，从而控制元素的向左或向右浮动，但浮动元素会影响周边元素的布局，通常利用clear属性消除左右侧浮动元素的影响，利用overflow属性消除子元素浮动对父元素的影响。HTML5尽量使标签元素语义化，本模块介绍了部分语义元素包括<figure>标签组、<details>标签组和<progress>、<meter>、<mark>、<time>、<cite>标签。最后介绍了table表格相关的元素，包括<tr>、<th>、<td>、<col>、<colgroup>、<caption>、<thead>、<tfoot>及<tbody>及相关属性。

习　题　2

一、单项选择器

1. 在CSS中用（　　）属性来实现文字环绕图片。

A. Margin　　B. float　　C. padding　　D. src

2. 在CSS中，div盒子的代码如下，则它实际的宽度为（　　）px。

```
div {
    margin:10px 5px;
    width:300px;
    height:220px;
}
```

A. 310　　B. 230　　C. 320　　D. 210

3. 在CSS盒子段落p中，要实现距离浏览器左右窗口50 px，上下40 px，2 px红色边框的语句是（　　）?

A. p {padding:40px 50px; border:2px solid #F00;}

B. p {margin:40px 50px; border:2px solid #F00;}

C. p {margin:40px 50px; list-style:2px solid #F00;}

D. p {margin:40px 50px; font:2px solid #F00;}

4. 下面选项，（　　）类可以为表格和其中的每个单元格增加边框。

A. table-hover　　B. table-bordered　　C. table-condensed　　D. table

5. 以下选项中，（　　）不是 HTML5 的语义化标签。

A. <header></header>　　B. <section></section>

C. <strong></strong>　　D. <article></article>

二、多项选择题

1. 下列标签中属于HTML5结构标签的是（　　）。

A. <Header>　　B. <footer>　　C. <nav>　　D. <hgroup>

E. <p>

2. 请在下列选项中选出所有的行内块元素。（　　）

A. Img　　B. input　　C. textarea　　D. select

3. 下列标签中，属于块级元素的是（　　）。

A. span标签　　B. strong标签　　C. dt标签　　D. p标签

4. 下列关于CSS选择器优先级的说法，正确的是（　　）。

A. 伪类>元素选择器　　B. ID 选择器>属性选择器

C. 类选择器>通配符　　D. 继承的样式>内联样式

5. 关于盒子模型中的宽度和高度属性，下面说法正确的是（　　）。

A. 盒子模型中的宽度和高度属性适用于所有元素

B. 盒子模型中的宽度和高度属性适用于span元素

C. 盒子模型中的宽度和高度属性仅适用于div元素

D. 盒子模型中的高度和上下内外边距不适用于行内元素

三、判断题

1. 为表格的每一行添加鼠标悬停效果的类是.table-condensed。（　　）

2. <article>是HTML5新增的标签。（　　）

3. float属性是所有元素都可以使用。（　　）

4. 行内元素的padding-top、padding-bottom、margin-top、margin-bottom属性设置是无效的。（　　）

5. 清除浮动可以使用clear:float。（　　）

模块三 CSS基础应用

学习目标

◎掌握CSS设置文本样式；
◎理解固定定位、相对定位、绝对定位之间的区别；
◎掌握box-sizing属性、box-shadow属性及background属性的使用；
◎理解页面元素各种布局形式；
◎掌握float布局和清除浮动的方法；
◎掌握Flex布局中常用的属性及其应用；
◎掌握grid网格布局常用的属性及其应用。

单元一　制作艺术文本页面

3.1.1　文本样式

网页中的文本样式与办公软件中的文本样式类似，包括字体、颜色、大小、行高、对齐方式等多种样式属性。

视频
制作艺术文本页面

1. 常用文本属性

文本属性包括文字的颜色、行间距、字间距、段落缩进等。CSS可以使用各种属性来设置文本样式。常用的CSS文本属性及描述见表3-1。

表3-1　常用的CSS文本属性及描述

属性	描述	属性值	用法及说明
color	设置文本颜色	颜色的名称，如red，不区分大小写； 十六进制，"#"后跟6位或者3位十六进制字符，如#ff0033、#F03； rgb(R,G,B)，R、G、B表示红绿蓝的取值，范围是0～255的整数或百分比； rgb(R,G,B,a)，a表示透明度，值为0表示透明，1表示不透明	color: #333; /* 设置文本颜色 */

续表

属性	描述	属性值	用法及说明
direction	设置文本方向	ltr，默认值，文本方向从左到右； rtl，文本方向从右到左	direction:rtl;/* 设置文本从右到左显示 */
letter-spacing	设置字符间距	length，定义字符间的固定空间（允许使用负值）	letter-spacing:1px; /* 设置字间距为 1 像素 */
line-height	设置行高	normal，默认，设置合理的行间距； number，设置数字，此数字会与当前的字体尺寸相乘来设置行间距； length，设置固定的行间距； %，基于当前字体尺寸的百分比行间距	line-height:1.5; /* 设置行高为 1.5 倍 */
text-align	对齐元素中的文本	left，把文本排列到左边； right，把文本排列到右边； center，把文本排列到中间； justify，实现两端对齐文本效果	text-align: center; /* 设置文本居中对齐 */
text-decoration	向文本添加修饰	none，默认值，定义标准的无修饰文本； underline，定义文本下的一条线； overline，定义文本上的一条线； line-through，定义穿过文本下的一条线； blink，定义闪烁的文本	text-decoration: underline; /* 设置下划线 */
text-indent	文本的首行缩进	length，定义固定的缩进距离，默认值为 0； %，定义基于父元素宽度的百分比的缩进	text-indent: 2em; /* 设置首行缩进 2 个字符 */
text-shadow	设置文本阴影	h-shadow，水平阴影的位置，允许负值，必需值； v-shadow，垂直阴影的位置，允许负值，必需值； blur，模糊的距离，可选值； color，阴影的颜色，可选值	text-shadow: 2px 2px #ff0000; /* 设置文本的阴影效果为红色，向右侧和上侧偏移 2 像素 */
text-transform	控制元素中的字母	none，默认值，无大小写转换； capitalize，文本中的每个单词以大写字母开头； uppercase，所有字母转换为大写字母； lowercase，所有字母转换为小写字母	text-transform:uppercase;/* 将文本中字母全部转换为大写 */
unicode-bidi	设置或返回文本是否被重写	normal，默认，不使用附加的嵌入层面 embed，创建一个附加的嵌入层面 bidi-override，创建一个附加的嵌入层面，重新排序取决于 direction 属性	unicode-bidi:bidi-override;/* 创建一个嵌入层，按 direction 属性重排文本方向 */
white-space	设置元素中空白的处理方式	normal，默认值，空白会被浏览器忽略； pre，空白会被浏览器保留； nowrap，文本不会换行； pre-wrap，保留空白符序列，但正常地进行换行； pre-line，合并空白符序列，但保留换行符	white-space:nowrap;/* 设置文本不换行 */
word-spacing	设置字间距	length，定义单词间的固定空间	word-spacing:30px;/* 设置文本间距为 30 像素 */

下面举例说明，示例的HTML结构代码如下：

```
<body>
    <h3> 创新驱动、科技强国 </h3>
    <p> 科技兴则民族兴，科技强则国家强。科技是一个国家发展的根本，科技领先才能全方位领先。现在的科技发展日新月异，很多技术直接改变着我们的生活，科技进步是人类文明发展的动力。</p>
    <div class="slogan">
```

```
        <img src="img/科技强国.png" width="200" class="s_img">
        <span>努 力 学 习，强 国 有 我。</span>
        <span>We are ready to build a powerful China.</span>
    </div>
</body>
```

示例的样式代码如下：

```
<style type="text/css">
    h3{text-align:center; text-shadow:2px 2px gold;}
    p{line-height:1.5em; color:rgba(180,21,71,1); text-indent:2em;}
    .slogan{height:100px; white-space:pre; border:1px solid #0099e5; word-spacing:10px;}
    .s_img{float:right; padding-right:20px;}
</style>
```

示例效果如图3-1所示。

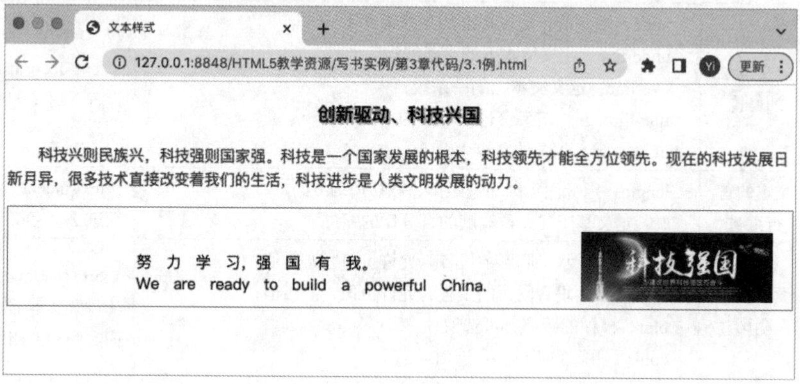

图 3-1　文本属性示例页面效果

素养园地

科技强国战略

科技强国战略是中国政府推动经济发展的重要战略之一，旨在通过加强科技创新和技术应用，推动中国实现现代化建设和全球科技领域的领先地位。

中国的科技强国战略最早可以追溯到 1986 年。当时，中国领导人邓小平提出“科技是第一生产力”的著名论断，并提出要加强科技创新和发展，推动中国实现现代化建设。随着中国经济和科技的迅速发展，科技强国战略也得到了不断深化和完善。2006 年，中国政府在《中长期科学和技术发展规划纲要（2006—2020）》中明确提出要实施科技创新驱动发展战略。2015 年，国务院印发了《关于深化科技体制改革加快建设创新型国家的若干意见》，提出了“创新驱动发展战略”和“科技强国战略”。2016 年，中国国务院再次印发了《新一代人工智能发展规划》，提出了中国要成为人工智能创新和应用的世界领先国家的目标。

科技强国战略包括以下几个方面：

1. 加强科技创新能力。中国政府通过加大科研经费投入、优化科研组织管理、改革科技评价体系等措施，促进科技创新和人才培养，提高国家科技创新能力。

2. 推进重大科技项目。中国政府在重大科技项目上投入巨资，包括北斗卫星导航系统、高铁、核电、大飞机、5G 等领域，加速技术突破和应用推广。

3. 提高技术自主创新能力。中国政府大力支持国内企业进行技术自主创新，通过提供政策、资金、人才等支持，鼓励企业加强技术研发和产业升级。

4. 促进科技成果转化。中国政府通过完善知识产权保护、改革科技成果转化机制、建设技术转移机构等举措，加速科技成果向实际生产力转化。

5. 强化国际合作。中国政府积极参与国际科技合作和竞争，与其他国家分享科技成果、学习国际先进科技，推进全球科技创新和共同发展。

总之，科技强国战略是中国政府为推动国家现代化建设和全球科技发展而采取的重要措施。在未来，中国将继续加大科技创新和技术应用的力度，加快科技成果转化，推动经济高质量发展，为全球科技创新做出更大贡献。

2. font相关属性

与font相关的属性主要用于设置文本字体样式，包括字体名称、字体大小、粗细、字体颜色等。font相关常用属性及值见表3-2。

表 3-2　font 相关属性值及描述

font 相关属性	属性说明	属性值及其描述
font-style	规定字体样式	normal，默认值，浏览器显示一个标准的字体样式； italic，浏览器会显示一个斜体的字体样式； oblique，浏览器会显示一个倾斜的字体样式
font-variant	设置小型大写字母的字体显示文本	normal，默认值，浏览器会显示一个标准的字体； small-caps，浏览器会显示小型大写字母的字体
font-weight	设置文本的粗细	normal，默认值，定义标准的字符； bold，定义粗体字符； bolder，定义更粗的字符； lighter，定义更细的字符； 100 ～ 900 数值，定义由细到粗的字符。400 等同于 normal，而 700 等同于 bold
font-size	设置字体大小	smaller，设置为比父元素更小的尺寸； larger，设置为比父元素更大的尺寸； length，设置为一个固定的值； %，设置为基于父元素的一个百分比值
font-family	指定一个元素的字体	family-name，定义字体名称

字体复合属性是一种同时设置字体相关属性的方法，把字体名称、字体样式、字体大小、行高、字体粗细等属性用一条font样式规则来定义。使用字体复合属性可以使代码更简洁，易于维护。font复合属性的语法如下：

```
font:font-style font-variant font-weight font-size/line-height font-family;
```

font复合属性中，font-size和font-family的值是必需的，若其他值默认，则自动设置为默认值。复合属性的顺序不能颠倒，各个属性必须用空格隔开。字体大小属性font-size和行宽属性line-height要用“/”隔开。

示例代码如下：

```
.fuhe {font:italic small-caps bold 20px/1.5 "Helvetica Neue", Helvetica, Arial, sans-serif;}
```

此示例将文本设置为斜体、小型大写字母、加粗、20 px大小、行高1.5倍，使用“Helvetica Neue”作为首选字体，如果无法加载，则使用Helvetica、Arial或sans-serif字体。

3.1.2 元素定位

1. position属性

position属性是定位属性，可以将元素定位到指定的位置，从而实现灵活布局。position属性指定元素的定位方法包括静态定位、相对定位、绝对对位、固定和粘性定位五种类型。其具体属性值见表3-3。

表 3-3 position 属性值及描述

属性值	描 述
absolute	生成绝对定位的元素，相对于 static 定位以外的第一个父元素进行定位。元素的位置通过 “left” “top” “right” “bottom” 属性进行规定
fixed	生成固定定位的元素，相对于浏览器窗口进行定位。元素的位置通过 “left” “top” “right” “bottom” 属性进行规定
relative	生成相对定位的元素，相对于其正常位置进行定位。如：属性值为 “left:10” 会向元素的 left 位置添加 10 px
static	默认值，没有定位，元素出现在正常的流中，忽略 top、bottom、left、right 及 z-index 声明
sticky	粘性定位，该定位基于用户滚动的位置。它的行为就像 position:relative，而当页面滚动超出目标区域时，它的表现就像 position:fixed，它会固定在目标位置

position属性需要结合偏移量，通常用“left”“top”“right”“bottom”属性进行灵活定位设置。left属性规定距离元素的左边缘，right属性规定距离元素的右边缘，top属性规定距离元素的顶部边缘，bottom属性规定距离元素的底部边缘。

2. z-index属性

z-index属性指定一个元素的堆叠顺序，仅在定位元素上有效。该属性设置一个定位元素沿*z*轴的位置。*z*轴定义为垂直延伸到显示区的轴。如果为正数，则离用户更近，为负数则表示离用户更远。拥有更高堆叠顺序的元素总是会处于堆叠顺序较低的元素的上面。z-index属性示例代码如下：

```
<html>
 <head>
     <meta charset="utf-8">
     <title></title>
     <style>
         #big {position:relative;}
         .a1, .b1, .c1 {position:absolute; width:200px; height:200px;}
         .a1 {top:0; left:0; z-index: 1; background-color:aqua;}
         .b1 {top:20px; left:20px; z-index:2; background-color:yellow; opacity:
.5;}
         .c1 {top:40px; left:40px; z-index:3; background-color:blue; opacity:
.5;}
         /* opcity 属性 0-1 */
         /* z-index 属性调节图层所在位置 */
```

```
        </style>
    </head>
    <body>
        <div id="big">
            <div class="a1">A</div>
            <div class="b1">B</div>
            <div class="c1">C</div>
        </div>
    </body>
</html>
```

z-index属性示例效果如图3-2所示。

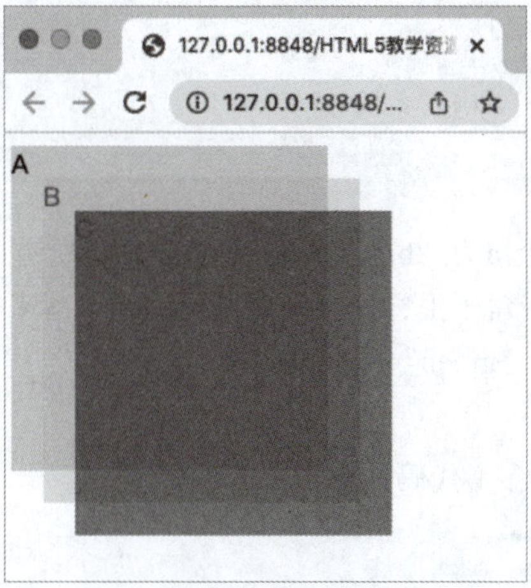

图 3-2 z-index 属性示例效果

视 频

元素定位示例

扫描侧边二维码观看元素定位示例讲解视频。

3.1.3 任务实践——制作艺术文本页面

【任务背景】个性化设计的页面总会让人感觉耳目一新。页面设计时，可以通过CSS对文本进行样式美化，呈现出艺术设计的效果。本任务以“青春逐梦”为主题，结合中文文本和英文文本的美化，再结合半透明区块的布局，制作艺术文本的设计，传达青春美好，逐梦当时的理念。

【任务要求】以“追逐梦想”为主题，主题句为“奔跑吧！梦想就在前方”，再结合中英文文本的不同样式和三个大小不同的半透明盒子分布到不同的位置，制作艺术文本展示效果，如图3-3所示。

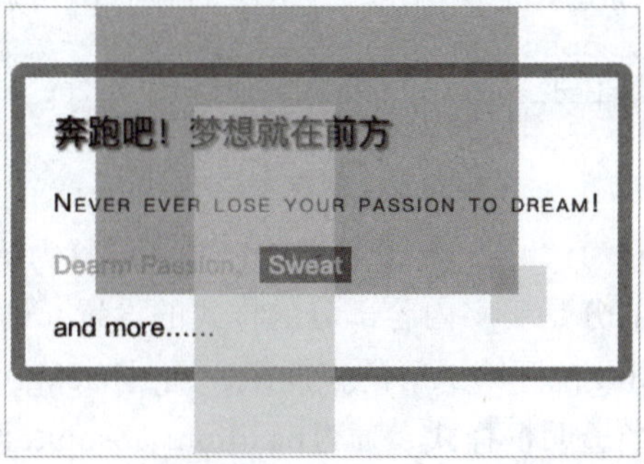

图 3-3 艺术文本展示页面效果

视 频

任务实践——制作艺术文本页面

【任务实施】

1. 结构代码

艺术文本展示页面的具体结构代码如下：

```
<body>
 <div id="big">
     <div id="content">
         <h2>奔跑吧！梦想就在前方</h2>
         <p class="first">NEVER EVER LOSE YOUR PASSION TO DREAM!</p>
         <p class="second">Dearm Passion, <span> Sweat </span></p>
         <p>and more……</p>
     </div>
     <div id="blue"></div>
     <div id="green"></div>
     <div id="yellow"></div>
 </div>
</body>
```

【代码解析】先设计一个id为“big”的大div盒子，将所有内容放置在该盒子里。所有内容放置在id为“content”的div盒子里，内容分别用标题和段落来标记。三个半透明盒子遮罩在big盒子上，id分别为“blue”“green”“yellow”。

2. 样式代码

艺术文本展示页面的样式参考代码如下：

```
<style type="text/css">
    /* 外层盒子 */
    #big {width:400px; height:300px; position:absolute;}
    /* 具体的内容样式*/
    #content {width:400px; height:200px; border:10px solid #fd8008; border-
radius:10px; margin-top: 20px; padding-left:20px;}
    #content h2 {font:24px "arial black"; text-shadow:#008000 2px 2px 2px;}
    p {font-family:"ms serif"; font-size:18px;}
    .first {color:black; letter-spacing:2px; font:18px "bodoni mt black";
font-variant:small-caps;}
    .second {color:#21ff80; font-weight:bold;}
    .second span {background-color:#fc02ff; color:white; white-space:pre;}
    /* 三个遮罩半透明框样式 */
    #blue {width:300px; height:200px; background-color:#0099E5; opacity:0.4;
z-index:10; position:relative; left:60px;}
    #green {position:absolute; left:130px; top:70px; width:100px; height:240px;
background-color:#ccff66; opacity:0.5; z-index:20;}
    #yellow {position:absolute; bottom:80px; right:20px; width:40px; height:40px;
background-color:yellow; opacity:0.5;}
</style>
```

【代码解析】设置外层id为“big”盒子的样式，将其设置为绝对定位以使三个半透明遮罩层定位到合适的位置。第二部分是文字内容部分的样式的设置，通过text-shadow设置主题语句的阴影效果，利用letter-spacing拉开第二行的字间距，通过background-color设置特色文本的背景。第三部分设置三个遮罩半透明框样式，通过position: absolute设置其定位属性，left和top属性设置偏离量，定位到具体的位置，通过z-index设置所在的层级。

经验小贴士：

①定位属性可以将盒子设置到指定的地方，理解定位通过要找准相对的位置，口诀是：固定对窗口，相对对自身，绝对对父类。

②布局时可使用 z-index 属性指定一个元素的堆叠顺序，拥有更高堆叠顺序的元素总是会处于堆叠顺序较低的元素的前面。

③当元素绝对定位时，与 float 属性一样，盒子会脱离常规流，但 float 属性导致对其他元素位置的影响可以通过清理浮动的方法解决，而绝对定位所导致的塌陷类的问题，不能通过清理浮动类似的方法解决。

单元二　制作理学部导航模块

3.2.1　盒子样式

视频

制作理学部导航模块

所有元素都具有盒子的属性。之前的学习介绍了盒子模型（参考2.1.2），本节学习盒子的样式定义，包括改变盒子的宽度计算方式、设置盒子的阴影效果以及设置盒子的背景样式。

1. box-sizing属性

box-sizing属性定义如何计算一个元素的宽度和高度，有两个值可选。一是“content-box”，也是该属性的默认值，作用是规定所定义的width和height属性只计算内容部分的宽度和高度。二是“border-box”，规定设置的width和height包含了盒子的边框和内边距。

定义两个id分别为“box1”和“box2”的div盒子，设置高度和宽度都为100 px，边框为6 px的实线红色边框，内边距为6 px。将两个盒子的box-sizing属性设置为不同值，box1的设置为border-box，而box2设置为content-box，代码如下：

```
<html>
 <head>
     <meta charset="utf-8">
     <title>box-sizing</title>
     <style type="text/css">
         #box1, #box2 {width:100px; height:100px; padding:8px; background-
color:#f9f128; border:6px solid #fc2317;}
         #box1 {box-sizing: border-box;}
         #box2 {box-sizing: content-box;}
     </style>
 </head>
 <body>
     <div id="box1">box1</div>
     <div id="box2">box2</div>
 </body>
</html>
```

box1的内容实际宽度为100 px（总宽度）−6 px（左侧边框）−8 px（左侧内边距）−8 px（右侧内边距）−6 px（右侧边框）=72 px，内容的实际高度为100 px（总高度）−6 px（上侧边框）−8 px（上侧内边距）−8 px（下侧内边距）−6 px（下侧边框）=72 px。box2的内容实际高度和宽度均为100 px。内容部分示例效果及其盒子模型如图3-4所示。

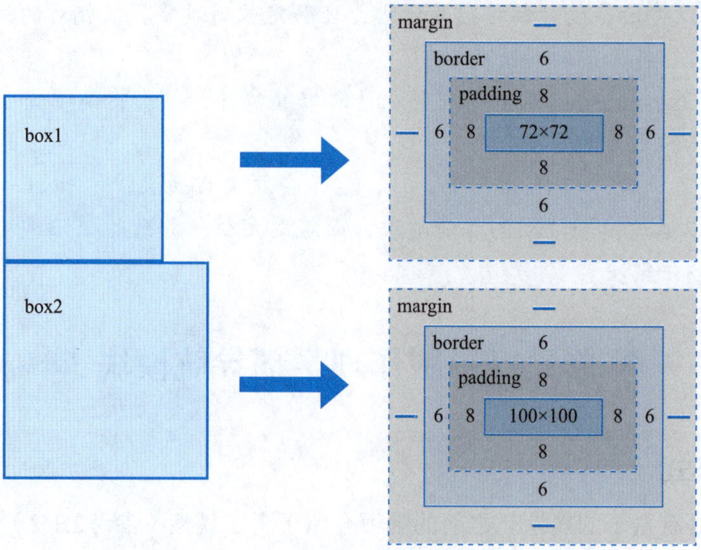

图 3-4　box-sizing 不同属性值效果及其盒子模型对比

2. box-shadow属性

box-shadow属性用于为盒子添加阴影效果，它所接受的值最多由六个不同的部分组成，包括*x*轴偏移量、*y*轴偏移量、阴影模糊半径、阴影扩展半径、阴影颜色、投影方式。各个值及其表述见表3-4。

表 3-4　box-shadow 属性的值及其描述

属性值	描　述
h-shadow	必填，水平阴影的位置，允许负值
v-shadow	必填，垂直阴影的位置，允许负值
blur	可选，模糊距离
spread	可选，阴影的大小
color	可选，阴影的颜色
inset	可选，外层的阴影（开始时）改变阴影内侧阴影

box-shadow属性的示例代码如下：

```
<html>
<head>
    <meta charset="utf-8">
    <title></title>
    <style type="text/css">
        #box {width:200px; height:200px; box-shadow:2px 2px 20px 10px #efa11f;
margin:10 auto;}
    </style>
</head>
<body>
    <div id="box">
        box
```

```
        </div>
    </body>
    </html>
```

盒子阴影的示例效果如图3-5所示。

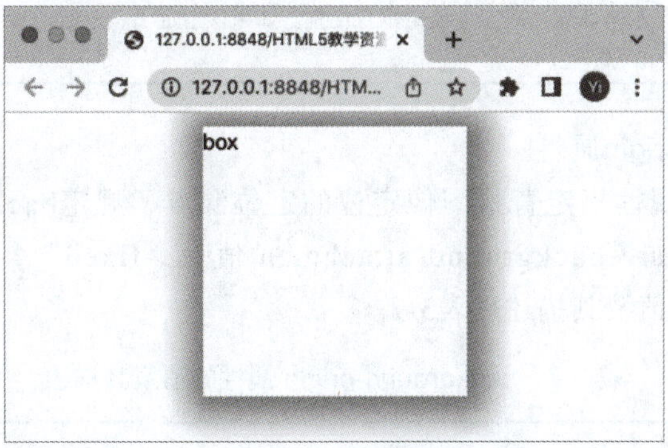

图 3-5　box-shadow 属性示例效果

3. background属性

background属性用于设置HTML元素的背景样式，包括颜色、图片、位置、重复、大小等。background是综合属性，包括多个子属性，见表3-5。

表 3-5　background 的子属性及其描述

子属性	描　述
background-color	指定要使用的背景颜色
background-position	指定背景图像的位置
background-size	指定背景图片的大小
background-repeat	指定如何重复背景图像
background-origin	指定背景图像的定位区域
background-clip	指定背景图像的绘画区域
background-attachment	设置背景图像是否固定或者随着页面的其余部分滚动
background-image	指定要使用的一个或多个背景图像

（1）background-position属性

background-position属性设置背景图像在盒子中的起始位置，其值有多种描述方式，见表3-6。

表 3-6　background-position 属性的值及其描述

属性值	描　述
left top left center left bottom right top right center right bottom center top center center center bottom	如果仅指定一个关键字，其他值将会是“center”

续表

属性值	描　述
x% y%	第一个值是水平位置，第二个值是垂直位置。左上角是0% 0%，右下角是100% 100%。如果仅指定了一个值，其他值将是 50%。默认值为：0% 0%
xpos ypos	第一个值是水平位置，第二个值是垂直位置。如果仅指定了一个值，其他值将是 50%。可以混合使用 % 和 positions

（2）background-origin属性

background-origin属性指定背景图像定位的定位源点，规定background-position属性相对于什么位置来定位。如果background-attachment值是“fixed”，该属性没有任何效果。background-origin属性的值及其描述见表3-7。

表 3-7　background-origin 属性的值及其描述

属性值	描　述
padding-box	背景图像相对于内边距框来定位
border-box	背景图像相对于边框盒来定位
content-box	背景图像相对于内容框来定位

（3）backgroud-clip属性

background-clip属性规定背景的绘制区域。其具体值及其描述见表3-8。

表 3-8　background-clip 属性的值及其描述

属性值	描　述
border-box	默认值，背景绘制在边框方框内（剪切成边框方框）
padding-box	背景绘制在衬距方框内（剪切成衬距方框）
content-box	背景绘制在内容方框内（剪切成内容方框）

（4）background-attachment属性

background-attachment属性设置背景图像是否固定，或者随着页面的其余部分滚动。其具体值及其描述见表3-9。

表 3-9　background-attachment 属性的值及其描述

属性值	描　述
scroll	默认值，背景图像会随着页面其余部分的滚动而移动
fixed	当页面的其余部分滚动时，背景图像不会移动

（5）background-image属性

background-image属性为元素设置背景图像，除了以位图作为背景图像外，还可以生成渐变图像作为背景。通过url引入背景图像和通过渐变函数产生图像两种方式不能同时存在。background-image属性具体的值及其描述见表3-10。

表 3-10　background-image 属性的值及其描述

属性值	描　述	示　例
url('URL')	图像的 URL	url(bgimage.gif);
none	默认值，无图像背景会显示	none
linear-gradient()	创建一个线性渐变的图像	linear-gradient(red, yellow, blue); /* 从上到下，由红色到黄色再到蓝色 */
radial-gradient()	用径向渐变创建图像	radial-gradient(red, green, blue); /* 从内到外，由红色到绿色到蓝色 */
repeating-linear-gradient()	创建重复的线性渐变图像	repeating-linear-gradient(red, yellow 10%, green 20%); /* 从红色过渡到黄色，范围从 0% ～ 10% 位置，再从黄色过渡绿色，范围是 10% ～ 20% 的位置，按此规律，继续重复线性渐变 */
repeating-radial-gradient()	创建重复的径向渐变图像	background-image: repeating-radial-gradient(red, yellow 10%, green 15%); /* 从红色过渡到黄色，范围是 0% ～ 10% 的位置，再从黄色过渡绿色，范围是 10% ～ 15% 的位置，按此规律，继续重复径向渐变 */

（6）background综合属性

背景设置属性可以在一个声明中设置所有的背景属性。可以设置的属性按顺序分别是：background-color、background-image、background-position/background-size、background-repeat、background-origin、background-clip、background-attachment。各值之间要用空格分隔，不分先后顺序。图像位置和图像大小之间用斜杠隔开。background综合属性的示例代码如下：

```
<html>
 <head>
     <meta charset="utf-8">
     <title>综合背景示例</title>
     <style>
         #box {box-sizing:border-box; width:400px; height:400px;  padding-top:60px; text-align:center; background:url(img/OIP-C.jpeg) center/60% no-repeat; border:2px solid #6fe879; border-radius:6px;}
         .circle {width:100px; height:100px; margin:0 auto; background: repeating-radial-gradient(#49ea37,#f9f128 10%,#fc3d18 25%); border-radius:50%; opacity:.5;}
     </style>
 </head>
 <body>
     <div id="box">
         <h3>带背景的 box 盒子</h3>
         <img src="img/1%20(3).png" width="80" />
         <div class="circle"></div>
     </div>
 </body>
</html>
```

通过background属性引入图片作为主盒子box的背景，在盒子中可以放置文本、图片以及其他盒子内容元素，示例效果如图3-6所示。

图 3-6 background 综合属性示例效果

视频 background综合属性示例-1

视频 background综合属性示例-2

3.2.2 任务实践——制作理学部导航模块

【任务背景】某大学理学部由数学科学学院、生命科学学院、心理学院、环境科学学院、化学学院、神经科学学院、物理学院、地球科学学院共八个学院组成。设计理学部的导航模块，包含各个学院的入口链接。

【任务要求】理学部导航模块整体色调为红色，以中国传统祥云纹样作为模块的背景。导航模块分为两部分：上部为带祥云纹样的红色装点模块，下部是带祥云纹样背景的导航内容呈现区。在内容呈现区中，“理学部”标题位于链接之前，八个学院链接分为两列，每列四个链接，均匀分布。理学部导航模块效果如图3-7所示。

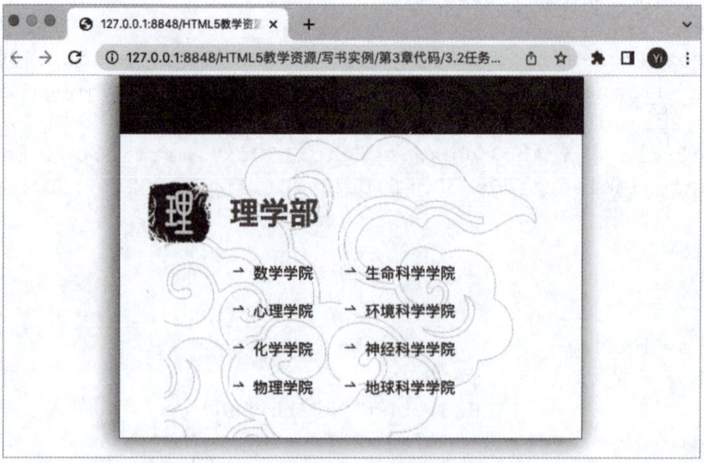

图 3-7 理学部导航模块效果图

视频 任务实践——制作理学部导航模块

【任务实施】

1. 结构代码

理学部导航模块的具体结构代码如下：

```
<div id="big">
 <!-- 上部装点盒子 -->
 <div id="top"></div>
 <!-- 理学部 LOGO -->
 <div id="pic_li"></div>
 <!-- 下部内容 -->
 <div id="lxb_content">
     <h1> 理学部 </h1>
     <ul class="left">
         <li><a href="#"> 数学学院 </a></li>
         <li><a href="#"> 心理学院 </a></li>
         <li><a href="#"> 化学学院 </a></li>
         <li><a href="#"> 物理学院 </a></li>
     </ul>
     <ul class="right">
         <li><a href="#"> 生命科学学院 </a></li>
         <li><a href="#"> 环境科学学院 </a></li>
         <li><a href="#"> 神经科学学院 </a></li>
         <li><a href="#"> 地球科学学院 </a></li>
     </ul>
 </div>
</div>
```

【代码解析】所有结构放置在id为“big”的div里，包含上面的装点部分、理学部LOGO部分和导航内容部分。各部分的id分别为“top”“pic_li”“lxb_content”，导航内容部分分为左右两列，用ul和li列表元素实现布局，定义左右部分的类名为“left”和“right”。

2. 样式代码

理学部导航模块的样式参考代码如下：

```
<style type="text/css">
    /* 设置所有元素的 box-sizing 属性 */
    * {box-sizing:border-box; padding:0; margin:0;}
    /* 设置外层大盒子的样式 */
    #big {position:relative; width:500px; height:380px; margin:0 auto;
background:url(img/bg18.png) bottom/400px no-repeat; border:1px solid grey;
box-shadow:-4px 0 20px #999;}
    /* 设置 top 部分盒子样式 */
    #top {width:500px; height:60px; margin-bottom:40px; background:url(img/
bg17.png) no-repeat right top;}
    /* 设置理学部左侧 LOGO 样式 */
    #pic_li {width:100px; height:100px; padding-left:30px; background:
url(img/s5e0360d6e5eee.png) no-repeat right 10px;}
    /* 设置理学部右侧导航样式 */
    #lxb_content {position:absolute; top:120px; left:120px;}
    #lxb_content h1 {margin-bottom:20px; color:gray;}
    ul li {height:40px; line-height:40px; list-style-position:inside; list-
style-image:url(./img/ico.PNG);}
    ul li a {font:16px/16px "arial black"; color:#4c4c4c; text-decoration: none;}
    .left {float:left; margin-right:30px;}
    .right {float:right;}
</style>
```

【代码解析】先用星号（*）选择器选择所有元素，并设置其box-sizing为“border-box”，定义为以边框为界计算尺寸，同时清空内外边距。设置外层大盒子的big的样式，定义盒子的高度为500 px，宽度为380 px，利用margin属性值设置“0 auto”让盒子保持页面居中。设置盒子的背景样式，将“祥云纹样”作为背景图。设置盒子的阴影效果为灰色、偏左4 px、模糊度为20 px。为何内部盒子好定位，将big盒子的定位属性设置为相对定位。

再设置top部分盒子的样式，定义其宽度为500 px、高度为60 px，将祥云图案样式作为背景呈现在右侧顶部。

接着设置左侧理学部LOGO部分“#pic_li”的样式，定义其宽度和高度均为100 px，理学部标识图作为盒子的背景图呈现出来。再设置右侧导航内容。将导航划分为标题和内容。标题放在<h1>标签中，设置字体颜色为灰色，底部外边距为20 px。用两个列表布局导航内容，定义列表中的项目符号为图片样式，每行高度为40 px，文本垂直居中。设置超链接效果为没有默认下划线。设置“left”类为左浮动，左侧外边距为30 px，“right”类为右浮动。

经验小贴士：

①用图片作为盒子背景是通常的布局方式，为了减少图片的多次加载，通常将多个背景图片合并为一张图，通过设置图片背景的铺陈位置来控制具体要显示的图。

②获取页面中盒子背景中的图片，可以通过浏览器中的检查（按【F12】快捷键）打开代码开发调试面板，在 source 栏目中去寻找。

③在实际应用中，box-sizing:border-box 应用更为广泛，它是以边框为准计算盒子所设置宽度。当只改变 padding 或 border 的值，不改变 width 的值时，盒子会自动调节内容部分的宽度，使其不会影响相邻元素的位置。

单元三　学部导航页面整体布局

3.3.1　页面整体布局

视频：学部导航页面整体布局

页面的整体布局是指页面中各个模块的整体排列方式。页面的整体布局不仅决定了页面的外观和美感，更重要的是决定了页面的结构、功能和用户体验。

1. 页面布局结构

页面布局结构分为横向结构、纵向结构和混合结构。横向结构是页面由单行或多行内容组成。纵向结构是将页面划分为单列或多列内容。混合结构是以横向和纵向相结合的方式布局页面内容。如从整体上看共产党员网站主页（见图3-8），该页面包含了横向的导航、友情链接及页脚等模块和纵向的内容模块，可以将该页面的布局视为混合结构。

2. 页面布局方法

常用的页面布局方法包括浮动布局、弹性布局和网格布局。

（1）浮动布局

浮动布局是指利用元素的float属性实现对元素的位置进行控制，从而实现布局。浮动布局示例代码如下：

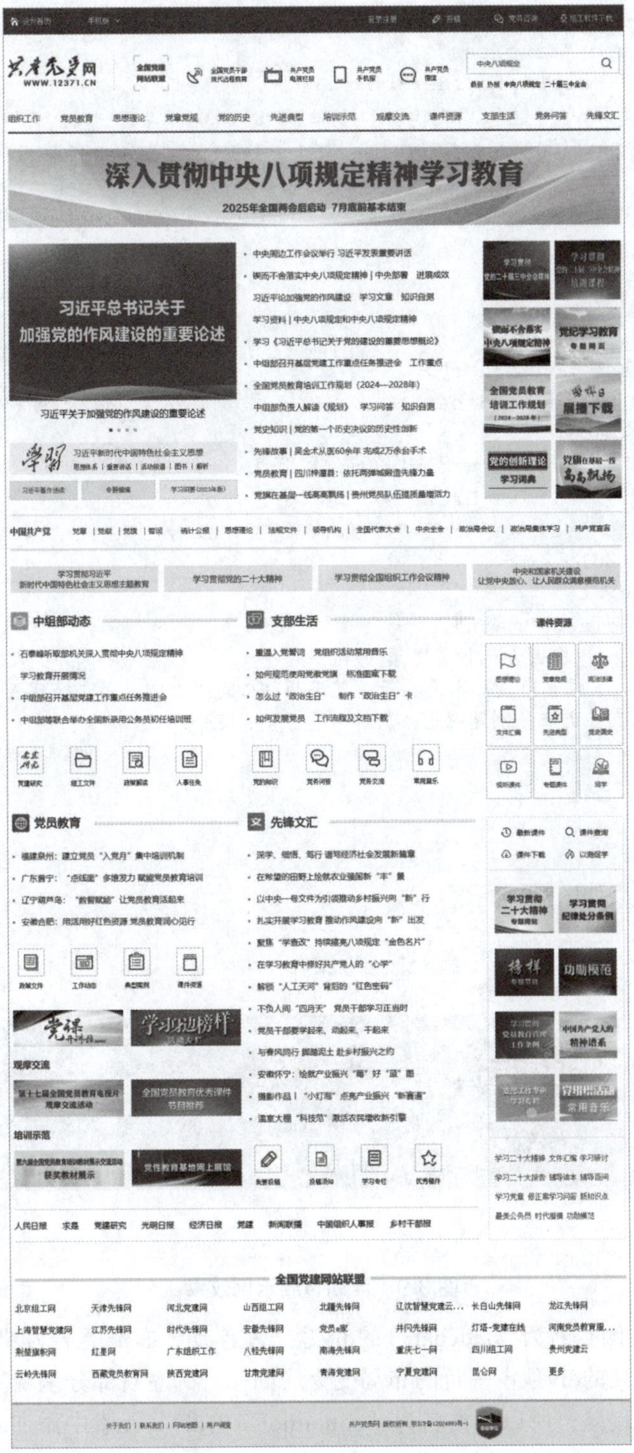

图 3-8 共产党员网站主页面

```
<!DOCTYPE html>
<html>
  <head>
      <meta charset="utf-8">
```

```
        <title>浮动布局</title>
        <style type="text/css">
            * {box-sizing:border-box;}
            .container {width:100%; overflow:hidden;}
            .sidebar {float:left; width:25%; height:200px; padding:20px; background-color:#d7e548;}
            .main {float:left; width:75%; height:200px; padding:20px; background-color:#00b0dc;}
        </style>
    </head>
    <body>
        <div class="container">
            <div class="sidebar">
                <ul>
                    <li><a href="#">儒家思想</a></li>
                    <li><a href="#">道家思想</a></li>
                    <li><a href="#">法家思想</a></li>
                </ul>
            </div>
            <div class="main">
                <h1>中国古代哲学思想</h1>
                <p>儒家：创始人是孔子，其思想核心是"仁"。第二个代表人物是孟子，"仁政"是孟子的思想核心。代表性文献分别是《论语》和《孟子》。</p>
            </div>
        </div>
    </body>
</html>
```

浮动布局示例效果如图3-9所示。

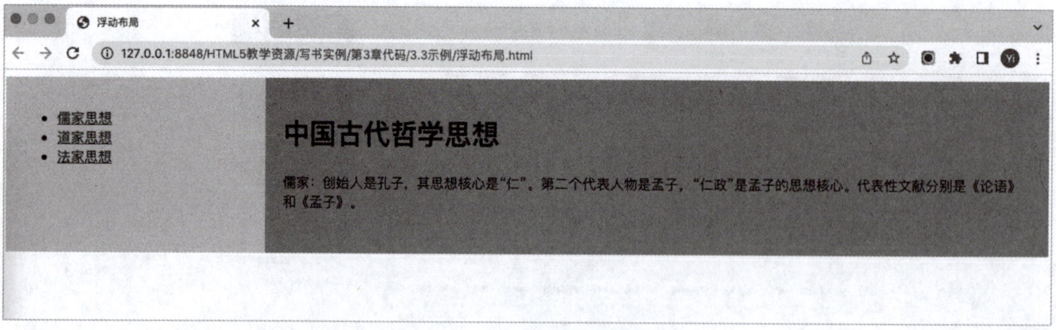

图 3-9　浮动布局示例效果

【代码解析】左侧类名为“sidebar”的div盒子左浮动，右侧类名为“main”的div盒子也左浮动，从而使得常规的div独占一行的布局变为居同一行的左右部分呈现。因浮动元素会导致没设定高度的父元素塌陷，所以在类名为“container”的div父元素中添加overflow:hidden以消除塌陷。

（2）弹性布局

弹性布局又称Flex布局，是一种基于弹性盒子模型（Flexbox）的布局方式，它可以让容器内的元素自适应地排列和对齐，从而在不同尺寸的屏幕上实现不同的布局效果。弹性布局有几个相关概念，见表3-11。

表 3-11　弹性布局的相关概念

简称	术　语	描　　述
两成员	容器（container） 子项（item）	采用 Flex 布局的元素，称为 Flex 容器（container），它的所有子元素自动成为容器成员，称为 Flex 子项目（item）
两轴线	主轴（main axis） 交叉轴（cross axis）亦称侧轴	主轴是 Flex 容器的主要方向，它定义了 Flex 项目沿着容器的排列方向。在默认情况下，主轴是水平方向的。 交叉轴是与主轴垂直的方向。在默认情况下，交叉轴是在垂直方向上。 主轴方向通过 flex-direction 设置，剩下的就是交叉轴
两个端	起始端（main/cross start） 结束端（end/cross start）	主轴的开始位置（与边框的交叉点）称为 main start，结束位置称为 main end；交叉轴的开始位置称为 cross start，结束位置称为 cross end

弹性布局概念模型如图3-10所示。

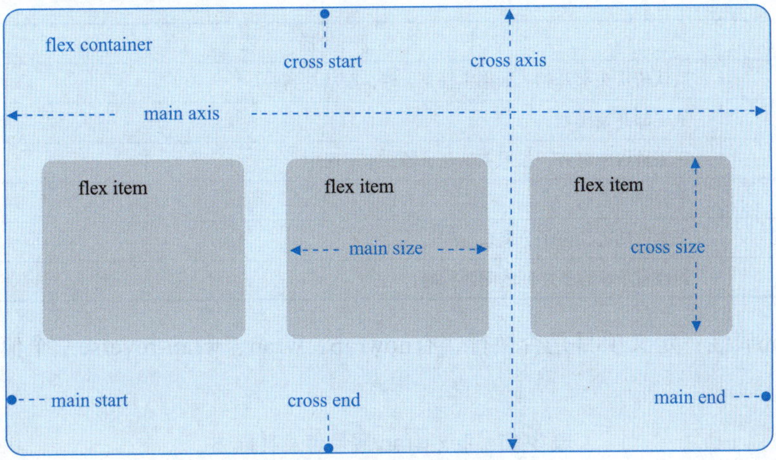

图 3-10　弹性布局概念模型

在弹性布局中，部分属性用于容器container，部分属性用于子项目item，详细描述见表3-12。

表 3-12　弹性布局中的属性概览

属性作用对象	属　性	描　　述
容器 container	flex-direction	定义主轴方向
	flex-wrap	定义项目是否换行
	flex-flow	flex-direction 属性和 flex-wrap 属性的简写形式
	justify-content	定义了项目在主轴上的对齐方式
	align-items	定义项目在交叉轴上的对齐方式（单轴线）
	align-content	定义项目在交叉轴上的对齐方式（多轴线）
子项目 item	order	定义项目的排列顺序
	flex-grow	定义项目的放大比例
	flex-shrink	定义项目的缩小比例
	flex-basis	定义项目在分配多余空间之前，占据的主轴空间
	flex	flex-grow、flex-shrink 和 flex-basis 的简写形式
	align-self	align-self 属性允许单个项目有与其他项目不一样的对齐方式，可覆盖 align-items 属性

①flex-direction属性：决定主轴的方向，即项目的排列方向。默认主轴方向就是x轴方向，水平向右。默认交叉轴方向就是y轴方向，垂直向下。flex-direction属性的值及其描述见表3-13。

表3-13　flex-direction属性值及其描述

属性值	描　述
row	默认值从左到右
row-reverse	从右向左
column	从上到下
column-reverse	从下到上

②justify-content属性：定义项目在主轴上的排列方式，相关值及其描述见表3-14。

表3-14　justify-content属性值及其描述

属性值	描　述
flex-start	默认值从头部开始，如果主轴是 x 轴，则从左到右
flex-end	从尾部开始排列
center	在主轴居中对齐，如果主轴是 x 轴，水平居中
space-around	平分剩余空间
space-between	先两边贴边，再平分剩余空间
space-evenly	弹性盒子和容器之间的间距相等

③flex-wrap属性：定义项目是否换行，有nowrap、wrap、wrap-reverse三个值，具体描述见表3-15。

表3-15　flex-wrap属性值及其描述

属性值	描　述
nowrap	默认值，不换行
wrap	换行
wrap-reverse	前后反转换行

④flex-flow属性：是复合属性，用于定义flex-direction属性和flex-wrap的复合简写形式，默认值为row nowrap。

⑤align-content属性：定义交叉轴上的多行子项item的排列方式。该属性适合子项存在多行的情况。align-content属性值及其描述见表3-16。

表3-16　align-content属性值及其描述

属性值	描　述
flex-start	在侧轴的头部开始排列
flex-end	在侧轴的尾部开始排列
center	在侧轴中间显示
space-around	子项在侧轴平分剩余空间
space-between	子项在侧轴先分布在两头，再平分剩余空间
stretch	设置子项元素高度平分父元素高度

⑥align-items属性：定义容器内单行子项item在交叉轴上的对齐方式。与align-content不同的是，该属性适用于单行的情况。align-items属性值及其描述见表3-17。

表 3-17 align-items 属性值及其描述

属性值	描 述
flex-start	在侧轴的头部开始排列，默认值从上到下
flex-end	在侧轴的尾部开始排列
center	在侧轴中间显示
baseline	以子项的第一行文字的基线对齐
stretch	拉伸

⑦order属性：定义子项的排序位置，默认值为0，数值越小越靠前。如果想要某一个Flex子项在最前面显示，可以设置比0小的整数，如可设置order值为−1。

⑧flex-grow属性：定义子项的放大比例，默认为0，子项不放大。如果所有项目的flex-grow属性都为1，则它们将等分剩余空间（如果有的话）。如果一个项目的flex-grow属性为2，其他项目都为1，则前者占据的剩余空间将比其他项多一倍。

⑨flex-shrink属性：定义了项目的缩小比例，默认为1，当空间不足时，将等比例缩小。如果一个项目的flex-shrink属性为0，其他项目都为1，则空间不足时，前者不缩小。负值对该属性无效。

⑩flex-basis属性：定义子项占据的主轴空间，默认值为auto，即项目的本来大小。它可以设为固定值，如350 px，浏览器将优先保证350 px的空间宽或高，在此基础上再计算主轴是否有多余空间。

⑪flex属性：是flex-grow、flex-shrink和flex-basis的简写，默认值为0 1 auto，后两个属性可选。该属性有两个快捷复合值，即auto（1 1 auto）和 none（0 0 auto），建议优先使用复合值。

⑫align-self属性：允许单个项目有与其他项目不一样的对齐方式，可覆盖align-items属性。默认值为auto，表示继承父元素的align-items属性。如果没有父元素，则等同于stretch。该属性可能取六个值，除了auto以外，其他都与align-items属性完全一致，参考表3-17。

布局示例代码如下：

```
<!DOCTYPE html>
<html>
 <head>
     <meta charset="utf-8">
     <title></title>
     <style type="text/css">
         * {box-sizing:border-box;}
         .container {display:flex; flex-wrap:nowrap; justify-content:center;}
         .sidebar {flex:1; padding:20px; text-align:center; background-color:
#f1f1f1;}
         .main {flex:3; padding:20px; background-color:gainsboro;}
     </style>
```

```
  </head>
  <body>
      <div class="container">
          <div class="sidebar">
              <ul>
                  <li><a href="#">儒家思想</a></li>
                  <li><a href="#">道家思想</a></li>
                  <li><a href="#">法家思想</a></li>
              </ul>
          </div>
          <div class="main">
              <h1>中国古代哲学思想</h1>
               <p>道家思想的主流派有：老子、庄子、黄老学派，杨朱思潮可能影响了庄子。慎到田文等齐国陵下学派也是以道家思想基础上发展而来。道家崇尚自然，有辩证法的因素和无神论的倾向，主张清静无为，反对斗争；提倡道法自然，无所不容，自然无为，与自然和谐相处。
              </p>
          </div>
          <div class="sidebar">
              <h1>中华文化<br>博大精深</h1>
          </div>
      </div>
  </body>
</html>
```

在该示例中，Flex容器类名为“container”，共有三个子项item。左右两侧子项item类名为“sidebar”，中间子项item类名为“main”。通过Flex综合属性设置了左右两侧所占比例均为1，中间部分所占比例为3，布局效果如图3-11所示。

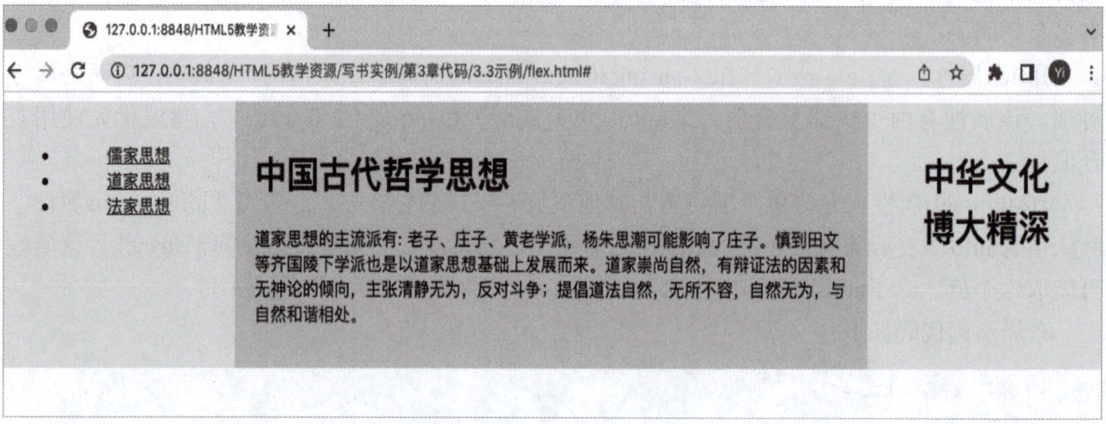

图 3-11　弹性布局示例效果

（3）网格布局

CSS提供了一个基于网格的布局系统，带有行和列，可以让我们更轻松地布局网页，而无须使用浮动和定位。网格是一组相交的水平线和垂直线，它定义了网格的列和行。与Flex布局类似，页面由容器container和网格元素item两种成员构成。当一个 HTML 元素将display属性设置为grid或inline-grid后，它就变成了一个网格容器，这个元素的所有直系子元素将成为网格元素。网格布局常用属性见表3-18。

表 3-18　网格布局常用属性

属性作用对象	属　性	描　述
网格容器	grid-template-columns	设置列的宽度
	grid-template-rows	设置行的高度
	grid-template-areas	指定网格布局使用的网格项名称，与 grid-area 配合使用
	grid-row-gap	设置行的间距
	grid-column-gap	设置列的间距
	grid-gap	设置行和列的间距
网格元素	grid-area	指网格元素放在哪一个区域，与 grid-template-areas 配合使用
	justify-self	设置单元格内容的水平位置
	align-self	设置单元格内容的垂直位置
	grid-column	定义网格元素列的开始和结束位置
	grid-row	定义网格元素行的开始和结束位置

网格布局的示例代码如下：

```
<!DOCTYPE html>
<html>
<head>
    <meta charset="utf-8">
    <title>网格布局</title>
    <style type="text/css">
  .container {display:grid; grid-template-rows:auto auto auto; grid-template-columns:auto auto auto 100px; grid-gap:10px;}
  .item {padding:20px; text-align:center; background-color:#eee;}
  .item3 {grid-column:3/5; background-color:aquamarine;}
  .item2 {grid-row:2/span 2; align-self:center; background-color:skyblue;}
    </style>
</head>
<body>
    <div class="container">
        <div class="item">1</div>
        <div class="item">2</div>
        <div class="item">3</div>
        <div class="item">4</div>
        <div class="item item2">5</div>
        <div class="item">6</div>
        <div class="item">7</div>
        <div class="item">8</div>
        <div class="item">9</div>
        <div class="item item3">10</div>
    </div>
</body>
</html>
```

【代码解析】示例中网格容器类名为“container”，其中有十个网格元素。整体布局为四列三行，其中元素5跨两行，元素10跨两列。

网格布局示例效果如图3-12所示。

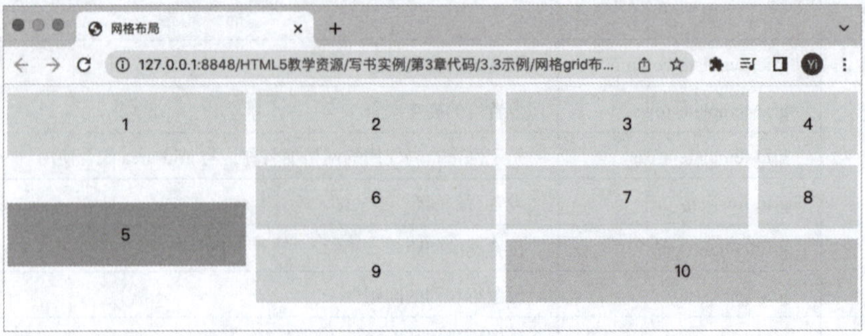

图 3-12　网格布局示例效果

3.3.2　任务实践——学部导航页面整体布局

【任务背景】某大学的教学机构包含理学部、信息与工程科学部、人文学部、社会科学学部、经济与管理学部、跨学科学部、医学部共七个学部，每个学部下设多个学院。将所有学部下所有学院导航汇总起来，制作一个完整的学部导航页面，方便访客快速找到所要访问的学院。

【任务要求】该教学机构的学部导航页面整体为两列布局，在3.2.2任务的理学部基础上，完成各个学部的导航制作。每个学部导航的风格样式相同。利用background属性设置各学院导航块的背景，结合浮动布局和Flex布局实现页面布局，整体效果如图3-13所示。

图 3-13　学部导航页面整体布局效果

视 频

任务实践——学部导航页面整体布局

【任务实施】

1. 结构代码

学部导航页面的结构代码如下：

```
<body>
    <div class="main">
        <div class="main_left">
            <!-- 理学部 -->
            <div class="big">
                <!-- 上部装点盒子 -->
                <div class="top"></div>
                <!-- 下部装点盒子 -->
                <div class="bottom">
                    <!-- 理学部 LOGO -->
                    <div class="pic_li"></div>
                    <!-- 下部内容 -->
                    <div class="lxb_content">
                        <h1> 理学部 </h1>
                        <ul class="left">
                            <li><a href="#"> 数学学院 </a></li>
                            <li><a href="#"> 心理学院 </a></li>
                            <li><a href="#"> 化学学院 </a></li>
                            <li><a href="#"> 物理学院 </a></li>
                        </ul>
                        <ul class="right">
                            <li><a href="#"> 生命科学学院 </a></li>
                            <li><a href="#"> 环境科学学院 </a></li>
                            <li><a href="#"> 神经科学学院 </a></li>
                            <li><a href="#"> 地球科学学院 </a></li>
                        </ul>
                    </div>
                </div>
            </div>
            <!-- 人文学部 -->
            <div class="big">
                <!-- 上部装点盒子 -->
                <div class="top"></div>
                <div class="bottom">
                <!-- 人文学部 LOGO -->
                    <div class="pic_renwen"></div>
                    <!-- 下部内容 -->
                    <div class="lxb_content">
                        <h1> 人文学部 </h1>
                        <ul class="left">
                            <li><a href="#"> 中国语言文学学院 </a></li>
                            <li><a href="#"> 外国语学院 </a></li>
                            <li><a href="#"> 考古文博学院 </a></li>
                            <li><a href="#"> 对外汉语学院 </a></li>
                        </ul>
                        <ul class="right">
                            <li><a href="#"> 历史学院 </a></li>
```

```
                    <li><a href="#"> 哲学学院 </a></li>
                    <li><a href="#"> 艺术学院 </a></li>
                    <li><a href="#"> 传播学院 </a></li>
                </ul>
            </div>
        </div>
    </div>
    <!-- 经济与管理 -->
    <div class="big">
        <!-- 上部装点盒子 -->
        <div class="top"></div>
        <div class="bottom">
        <!-- jinguan 学部 LOGO -->
            <div class="pic_jinguan"></div>
            <!-- 下部内容 -->
            <div class="lxb_content">
               <h1> 经济与管理学部 </h1>
                <ul class="left">
                    <li><a href="#"> 经济学院 </a></li>
                    <li><a href="#"> 国际商贸学院 </a></li>
                    <li><a href="#"> 金融学院 </a></li>
                </ul>
                <ul class="right">
                    <li><a href="#"> 管理学院 </a></li>
                    <li><a href="#"> 统计学院 </a></li>
                    <li><a href="#"> 未来业态学院 </a></li>
                </ul>
            </div>
        </div>
    </div>
    <!-- 跨学科学部 -->
    <div class="big">
        <!-- 上部装点盒子 -->
        <div class="top"></div>
        <div class="bottom">
        <!-- 跨学科学部 LOGO -->
            <div class="pic_kuaxueke"></div>
            <!-- 下部内容 -->
            <div class="lxb_content">
                <h1> 跨学科学部 </h1>
                <ul class="left">
                    <li><a href="#"> 前沿创新学院 </a></li>
                    <li><a href="#"> 前沿交叉学院 </a></li>
                    <li><a href="#"> 核科学与技术学院 </a></li>
                    <li><a href="#"> 现代农学院 </a></li>
                </ul>
                <ul class="right">
                    <li><a href="#"> 国际数学研究中心 </a></li>
                    <li><a href="#"> 天体物理研究所 </a></li>
                    <li><a href="#"> 复杂科学学院 </a></li>
                    <li><a href="#"> 人工智能研究院 </a></li>
                </ul>
```

```
                </div>
            </div>
        </div>
    </div>
    <!-- 页面右侧 -->
    <div class="main_right">
        <!-- 信息与工程科学部 -->
        <div class="big">
            <!-- 上部装点盒子 -->
            <div class="top"></div>
            <!-- 信息工程 LOGO -->
            <div class="bottom">
                <div class="pic_info"></div>
                <!-- 下部内容 -->
                <div class="lxb_content">
                    <h1> 信息与工程科学部 </h1>
                    <ul class="left">
                        <li><a href="#"> 信息技术学院 </a></li>
                        <li><a href="#"> 计算机学院 </a></li>
                        <li><a href="#"> 人工智能学院 </a></li>
                        <li><a href="#"> 软件工程学院 </a></li>
                        <li><a href="#"> 数据科学学院 </a></li>
                    </ul>
                    <ul class="right">
                        <li><a href="#"> 电信学院 </a></li>
                        <li><a href="#"> 集成电路学院 </a></li>
                        <li><a href="#"> 微电子学院 </a></li>
                        <li><a href="#"> 工业物联网学院 </a></li>
                        <li><a href="#"> 未来科技学院 </a></li>
                    </ul>
                </div>
            </div>
        </div>
        <!-- 社会科学学部 -->
        <div class="big">
            <!-- 上部装点盒子 -->
            <div class="top"></div>
            <!-- 社会科学学部 LOGO -->
            <div class="bottom">
                <div class="pic_social"></div>
                <!-- 下部内容 -->
                <div class="lxb_content">
                    <h1> 社会科学学部 </h1>
                    <ul class="left">
                        <li><a href="#"> 公共关系学院 </a></li>
                        <li><a href="#"> 政府管理学院 </a></li>
                        <li><a href="#"> 教育学院 </a></li>
                        <li><a href="#"> 体育教研部 </a></li>
                        <li><a href="#"> 国际政策学院 </a></li>
                    </ul>
                    <ul class="right">
                        <li><a href="#"> 法学院 </a></li>
```

```
                        <li><a href="#">社会科学系</a></li>
                        <li><a href="#">马克思主义学院</a></li>
                        <li><a href="#">新闻与传播学院</a></li>
                        <li><a href="#">人类学系</a></li>
                    </ul>
                </div>
            </div>
        </div>
        <!-- 医学部 -->
        <div class="big">
            <!-- 上部装点盒子 -->
            <div class="top"></div>
            <!-- 医学部LOGO -->
            <div class="bottom">
                <div class="pic_medical"></div>
                <!-- 下部内容 -->
                <div class="lxb_content">
                    <h1>医学部</h1>
                    <ul class="left">
                        <li><a href="#">基础医学院</a></li>
                        <li><a href="#">公共卫生学院</a></li>
                        <li><a href="#">医学人文学院</a></li>
                        <li><a href="#">第一医院</a></li>
                        <li><a href="#">第二医院</a></li>
                        <li><a href="#">口腔医院</a></li>
                    </ul>
                    <ul class="right">
                        <li><a href="#">药学院</a></li>
                        <li><a href="#">护理学院</a></li>
                        <li><a href="#">医学继续教育学院</a></li>
                        <li><a href="#">第三医院</a></li>
                        <li><a href="#">第四医院</a></li>
                        <li><a href="#">肿瘤医院</a></li>
                    </ul>
                </div>
            </div>
        </div>
    </div>
  </div>
</body>
```

【代码解析】将整个导航页面放在类名为“main”的div中，再分为左、右两部分，左侧部分类名为“main_left”，右侧部分类名为“main_right”。左侧内部包含四个学部的导航模块，右侧内部包含三个学部的导航模块。

2. 样式代码

学部导航页面的样式参考代码如下：

```
<style type="text/css">
    /* 设置所有元素的box-sizing属性 */
    * {box-sizing:border-box; padding:0; margin:0;}
    /* main样式 */
```

```
        .main {display:flex;width:1000px;margin:0 auto;background-color:#fff;}
        .main_left {flex:1; margin-right:10px;}
        .main_right {flex:1;}
        /* 设置模块外层大盒子的样式 */
        .big {width:500px; margin-top:10px; overflow:hidden; background:url(img/
bg18.png) bottom/400px no-repeat; border:1px solid grey; box-shadow:-4px 0
20px #999;}
        /* 设置 top 部分盒子样式 */
        .top {width:500px; height:60px;margin-bottom:40px;background:url (img/
bg17.png) no-repeat right top;}
        /* 设置理学部左侧 LOGO 样式 */
        .pic_li{width:100px;height:100px;padding-left:30px;background:url(img/
s5e0360d6e5eee.png) no-repeat right 10px;}
        /* 设置理学部右侧导航样式 */
        .bottom{display:flex;}
        .lxb_content{margin:20px;overflow:hidden;}
        .lxb_content h1{margin-bottom:20px;color:gray;}
        ul li {height:40px;line-height:40px;list-style-position:inside; list-
style-image:url(./img/ico.PNG);}
        ul li a {font:16px/16px "arial black";color:#4c4c4c; text-decoration:
none;}
        .left {float:left;margin-right:30px;}
        .right {float:right;}
        /* 各个学部 LOGO */
        .pic_renwen {width:100px;height:100px;padding-left:30px;
background:url(img/s5e03611533702.png)no-repeat right 10px;}
        .pic_jinguan{width:100px;height:100px;padding-left:30px;background:
url(img/s5e03613055403.png) no-repeat right 10px;}
        .pic_kuaxueke{width:100px;height:100px;padding-left:30px;background:
url(img/s5e0361466f9a5.png) no-repeat right 10px;}
        .pic_info{width:100px;height:100px;padding-left:30px;background:url
(img/s5e0360f244740.png) no-repeat right 10px;}
        .pic_social{width:100px;height:100px;padding-left:30px;background:url
(img/s5e036107e0383.png) no-repeat right 10px;}
        .pic_medical{width:100px;height:100px;padding-left:30px;background:url
(img/s5e036122df448.png) no-repeat right 10px;}
    </style>
```

【代码解析】先设置所有元素的公共样式，包括box-sizing属性为以边框为基准计算宽度，清楚默认内外边距。再定义类名为“main_left”“main_right”的div，并利用Flex布局实现左右两侧的均分分布。最后，将上一节中完成的“理学部”模块放置在左右两侧的div中，对应修改导航内容。因各个学部的导航栏目不一样，需要将类名为“lxb_content”部分的固定高度去掉，并采用浮动或者flex布局实现内部类名为“left”“right”部分呈现左右两列布局。最后通过更改background属性的url值，对应修改各个学部的LOGO。

经验小贴士：

①将图片置于盒子的背景中，可以为文本留出空间，使页面信息更加丰富，通常情况下会将用到的所有背景图像处理为一张图像，从而加载一次即可在页面中反复使用。

②在布局模式中，Flex 布局可以看作一维，适合于局部模块，grid 网格布局可以看作二维布局，适用于布局整个页面。二者结合起来使用，布局更加轻松。设置 Flex 布局后子元素的

float、clear、virtical-align 等属性样式将全部失效。

③绝对定位也会让元素脱离常规流，与浮动效果类似，会导致父元素高度塌陷的问题，而且不能用清理浮动的方式来解决该问题。

小 结

本模块主要内容包括CSS设置文本样式、CSS实现元素的定位、CSS定义盒子模型的宽度计算方式、CSS设置盒子的背景图像，以及CSS实现传统的浮动定位布局、Flex布局和网格布局。

可以通过CSS设置文本的颜色、行间距、字间距、段落缩进、行高、文本方向以及文本换行等属性，以实现改变文本样式。CSS通过设置position属性实现元素定位，利用left、right、top、bottom定义偏移量。元素的定位方法包括静态定位、相对定位、绝对对位、固定和粘性定位五种类型。每种定位都有自身的参考系，相对定位参考元素原有位置，绝对定位参考已定位的父元素，固定定位参考浏览器视窗。可以通过CSS改变盒子的样式，包括利用box-sizing改变盒子的宽高计算方式、利用box-shadow设置盒子的阴影以及利用background属性设置盒子的背景效果。float浮动布局、Flex弹性布局和grid网格布局是三种常用的页面布局方式，float布局会使得元素脱离常规流从而导致父元素塌陷，要清理浮动导致的影响。Flex和grid都属于响应式布局，Flex布局多用于局部布局，grid网格布局多用于页面整体布局。

习 题 3

一、单项选择器

1. 在CSS中用（　　）来设置该盒子为弹性盒子。

A. display:flex　　B. display:block　　C. display:inline　　D. display:inline-block

2. 下列关于弹性布局的属性的描述中，错误的是（　　）。

A. Flex　　B. flex-direction　　C. justify-content　　D. flex-container

3. 在CSS3中，可以使用box-shadow属性设置阴影，不同的浏览器引擎中，实现box-shadow属性的方法略有不同，火狐浏览器的私有属性是（　　）。

A. box-shadow　　B. -moz-box-shadow

C. -webkit-box-shadow　　D. -gecko-box-shadow

4. 定义文本字体时，设置字体的尺寸的CSS属性为（　　）。

A. font-size　　B. font-family　　C. font-style　　D. font-variant

5. 用来改变元素背景颜色的CSS属性为（　　）。

A. background-position　　B. background-color

C. background-image　　D. background-attachment

二、多项选择题

1. 以下选项中，（　　）属于justify-content属性的可选值。

A. flex-start　　B. flex-end　　C. center　　D. space-between

E. space-around

2. 以下选项中，（　　）用于控制Flex容器内项目的布局的属性。

A. flex-direction　　B. flex-wrap　　C. justify-content　　D. align-items

E. align-content

3. 以下关于Flex布局说法中，正确的是（　　）。

A. Flex布局只适用于移动端网站

B. Flex容器默认的主轴方向是从左到右

C. Flex容器中的项目默认会沿着交叉轴居中对齐

D. Flex布局可以实现自适应布局和响应式设计

4. 以下关于grid网格布局的说法中，正确的是（　　）。

A. grid 网格布局是一种基于网格的布局系统

B. grid 网格布局需要使用display: grid属性来启用

C. grid-template-rows和grid-template-columns用于定义网格的行高和列宽

D. grid-template-areas用于定义网格的布局区域

5. 以下关于CSS浮动的说法中，描述正确的是（　　）。

A. 浮动元素会脱离文档流，并使周围的元素环绕其周围

B. 浮动元素的宽度默认为auto，可以通过width属性来指定

C. 可以通过设置浮动元素的 clear属性来防止其他元素环绕其周围

D. 当一个块级元素浮动时，其宽度会默认变100%

E. 可以通过设置浮动元素的position属性为absolute来达到类似的效果

三、判断题

1. 对于float布局，浮动元素的宽度默认为100%。（　　）

2. Flex弹性布局是一种基于网格的布局系统，可以更方便地实现复杂的布局。（　　）

3. grid网格布局使用grid-template-rows和grid-template-columns属性来定义网格的行高和列宽。（　　）

4. background-size属性可以控制背景图片的尺寸。（　　）

5. 在Flex布局中，flex-wrap属性用于控制弹性盒子的换行行为。（　　）

第二部分

创新应用基础

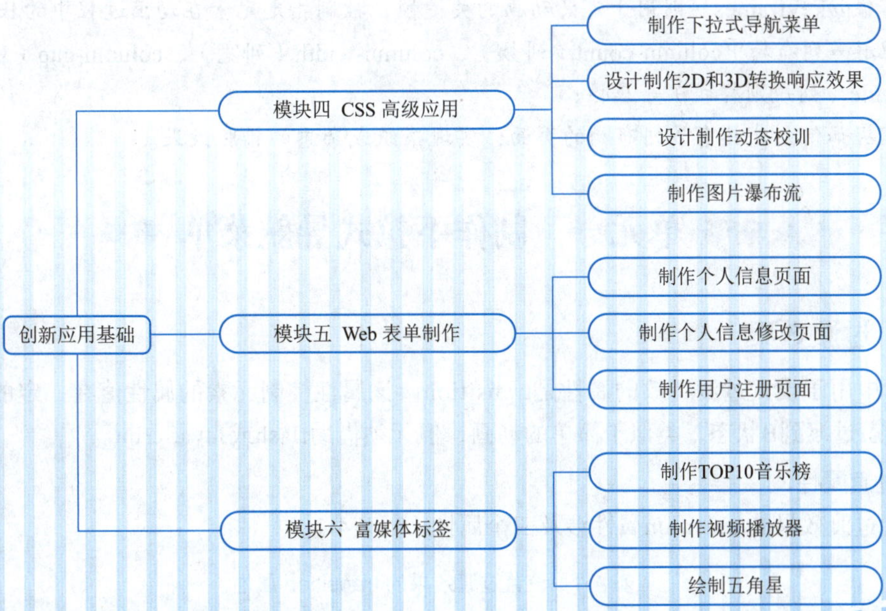

创新应用基础
模块四 CSS 高级应用
制作下拉式导航菜单
设计制作2D和3D转换响应效果
设计制作动态校训
制作图片瀑布流
模块五 Web 表单制作
制作个人信息页面
制作个人信息修改页面
制作用户注册页面
模块六 富媒体标签
制作TOP10音乐榜
制作视频播放器
绘制五角星

模块四 CSS高级应用

学习目标

◎理解CSS3中transition过渡属性的基本语法和属性值的含义；

◎掌握如何在元素上应用过渡属性，使样式在状态改变时产生平滑过渡；

◎掌握通过transform属性的2D变换函数，如translate()、rotate()、scale()、skew()等，实现元素的平面内变换效果，如平移、旋转、缩放、倾斜等；

◎掌握通过使用transform属性的3D变换函数，如translate3d()、rotate3d()、scale3d()等，实现元素在3D空间内的变换效果；

◎掌握@keyframes规则用于定义动画的关键帧，控制指定元素在动画过程中的状态；

◎理解多列布局中column-count（列数）、column-width（列宽）、column-gap（列间隔）、column-rule（列规则样式）等属性；

◎掌握如何创建具有多列布局的页面，实现报纸或杂志的排版效果。

单元一　制作下拉式导航菜单

4.1.1　过渡效果

CSS中用于设置过渡特效的属性是transition。该属性控制元素的属性值在一定的时间区间内由A状态过渡到B状态，类似于简单的动画，但无须借助flash或JavaScript。

1. 过渡属性

设置过渡效果的transition属性涉及四个属性，见表4-1。

表 4-1　设置过渡效果的 transition 属性

属性	描　述	示　例
transition-property	规定应用过渡的 CSS 属性的名称	transition-property:"width"，指定宽度过渡
transition-duration	定义过渡效果花费的时间，默认是 0	transition-duration:"1s"，指定过渡时间为 1 s
transition-timing-function	规定过渡效果的时间曲线，默认是“ease”	transition-timing-function:"linear"，指定切换效果匀速
transition-delay	规定过渡效果何时开始，默认是 0	transition-delay:"1s"，指定过渡效果延时 1 s 启动

其中，transition-timing-function定义过渡效果的时间曲线，该属性有多值可选，见表4-2。

表 4-2 transition-timing-function 属性的值

属性值	描 述
cubic-bezier(n,n,n,n)	在 cubic-bezier（贝塞尔曲线）函数中定义，参数为 0 至 1 之间
linear	规定以相同速度开始至结束，等同 cubic-bezier(0,0,1,1)
ease	规定慢速开始，然后变快，然后慢速结束，等同 cubic-bezier(0.25,0.1,0.25,1)
ease-in	规定以慢速开始的过渡效果，等同 cubic-bezier(0.42,0,1,1)
ease-out	规定以慢速结束的过渡效果，等同 cubic-bezier(0,0,0.58,1)
ease-in-out	规定以慢速开始和结束的过渡效果，等同 cubic-bezier(0.42,0,0.58,1)

2. transition属性

transition属性是综合transition-property、transition-duration、transition-timing-function、transition-delay四个过渡属性的复合属性。transition属性语法格式如下：

```
transition: property duration timing-function delay;
```

transition属性过渡效果示例代码如下：

```
<html>
 <head>
     <meta charset="utf-8">
     <title></title>
     <style>
         #test{width:100px; height:100px; background-color:brown;}
         #test:hover{width:300px; color:#dc131d; background-color:aqua;
transition:all ease 1s;}
     </style>
 </head>
 <body>
     <div id="test">鼠标移上去后，宽度和颜色将发生变化</div>
 </body>
</html>
```

transition属性的过渡效果要求前后的属性值有一定的变化。过渡前初始状态宽度为100 px，背景颜色为棕色。过渡前效果如图4-1所示。

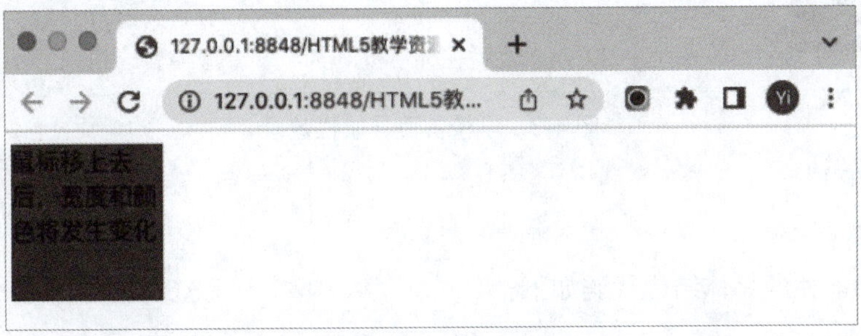

图 4-1 过渡前示例效果

过渡后的样式为宽度为300 px，背景颜色为蓝色，字体颜色为红色。当鼠标移动到id为“test”的div上时，用于该div的有变化的属性包括宽度、背景和字体颜色都将产生过渡效果，将transition复合属性添加到div的hover状态样式中触发过渡效果。过渡后的效果如图4-2所示。

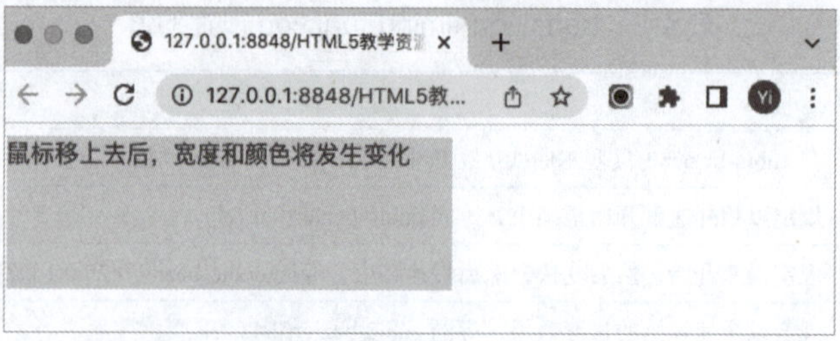

图 4-2　过渡后示例效果

4.1.2　任务实践——制作下拉式导航菜单

【任务背景】某学校的首页导航栏由网站首页、学校概况、党廉工作、教学管理、招生就业、学生管理、继续教育、对外服务、科研管理、交流合作、图书股、个人中心共12个一级菜单组成。当鼠标移动到一级栏目上时，动态显示出二级菜单，当鼠标移出一级菜单时，隐藏对应的二级菜单。学校概况含六个二级菜单：学校简介、学校领导、机构设置、校园风光、教学设施、实训设施；党廉工作含两个二级菜单：党建工作、纪检审计两个二级菜单；教务管理含两个二级菜单：教务网、实训中心；招生就业含三个二级菜单：招生网、就业网、创业网；对外服务含两个二级菜单：研究所、工程公司；科研管理含两个二级菜单：教学研究、科学研究；合作交流含两个二级菜单：国际交流、校企合作。

【任务要求】一级导航栏用Flex布局实现横向均匀分布，整体居中对齐，呈现阴影效果，四个角为圆角。二级菜单要求采用级联菜单方式，用过渡样式控制二级菜单的显示和隐藏，响应时间为0.5 s，每个二级菜单设置鼠标响应效果，当鼠标移到菜单上时呈半透明背景效果。整体效果如图4-3所示。

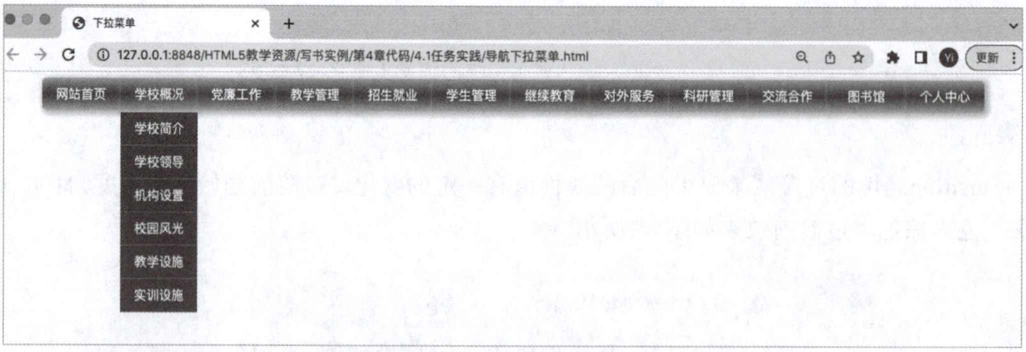

图 4-3　学校首页导航栏效果

【任务实施】

1. 结构代码

学校首页导航栏的具体结构代码如下：

```
<body>
 <div class="main">
    <!-- 网站首页 -->
    <div class="all">
```

```
        <div class="top_menu first">网站首页</div>
    </div>
    <div class="shuxian"></div>
    <!-- 学院概况 -->
    <div class="all">
        <div class="top_menu">学校概况</div>
        <div class="menu_content">
            <ul>
                <li>学校简介</li>
                <li>学校领导</li>
                <li>机构设置</li>
                <li>校园风光</li>
                <li>教学设施</li>
                <li>实训设施</li>
            </ul>
        </div>
    </div>
    <div class="shuxian"></div>
    <!--党廉工作-->
    <div class="all">
        <div class="top_menu">党廉工作</div>
        <div class="menu_content">
            <ul>
                <li>党建工作</li>
                <li>纪检审计</li>
            </ul>
        </div>
    </div>
    <div class="shuxian"></div>
    <!--教学管理-->
    <div class="all">
        <div class="top_menu">教学管理</div>
        <div class="menu_content">
            <ul>
                <li>教务网</li>
                <li>实训中心</li>
            </ul>
        </div>
    </div>
    <div class="shuxian"></div>
    <!--招生就业-->
    <div class="all">
        <div class="top_menu">招生就业</div>
        <div class="menu_content">
            <ul>
                <li>招生网</li>
                <li>就业网</li>
                <li>创业网</li>
            </ul>
        </div>
    </div>
    <div class="shuxian"></div>
```

```
<!-- 学生管理 -->
<div class="all">
    <div class="top_menu">学生管理</div>
</div>
<div class="shuxian"></div>
<!-- 继续教育 -->
<div class="all">
    <div class="top_menu">继续教育</div>
</div>
<div class="shuxian"></div>
<!-- 招生就业 -->
<div class="all">
    <div class="top_menu">对外服务</div>
    <div class="menu_content">
        <ul>
            <li>研究所</li>
            <li>工程公司</li>
        </ul>
    </div>
</div>
<div class="shuxian"></div>
<!-- 科研管理 -->
<div class="all">
    <div class="top_menu">科研管理</div>
    <div class="menu_content">
        <ul>
            <li>教学研究</li>
            <li>科学研究</li>
        </ul>
    </div>
</div>
<div class="shuxian"></div>
<!-- 交流合作 -->
<div class="all">
    <div class="top_menu">交流合作</div>
    <div class="menu_content">
        <ul>
            <li>国际交流</li>
            <li>校企合作</li>
        </ul>
    </div>
</div>
<div class="shuxian"></div>
<!-- 图书馆 -->
<div class="all">
    <div class="top_menu">图书馆</div>
</div>
<div class="shuxian"></div>
<!-- 个人中心 -->
<div class="all">
    <div class="top_menu last">个人中心</div>
</div>
```

```
  </div>
</body>
```

【代码解析】所有元素都包含在一个类名为“main”的div盒子中，每个一级导航和二级菜单都组成了一个相对独立的模块放在类名为“all”的div中，共设12个“all”导航模块。在两个一级导航之间添加名为“shuxian”的类，用来实现分割效果。在每个“all”盒子中放置类名为“top_menu”的div，用来标记一级菜单的文本，在其下方再定义一个类名为“menu_content”的div，用来标记二级菜单的内容。二级导航菜单用ul和li标签来实现对内容的标记。

2. 样式代码

学校首页导航栏的样式参考代码如下：

```
<style>
    .main {
        display: flex;
        width: 1200px;
        margin: 0 auto;
    }
    /* 外层盒子 Flex 布局实现菜单横向排列 */
    .all {
        width: 100px;
        color: white;
    }
    .menu_content {
        opacity: 0;
    }
    .all:hover .menu_content {
        opacity: 1;
        transition: opacity .5s ease;
    }
    /* 当鼠标 hover 到父元素 all 上时，其内部隐藏到子元素 menu_content 显示 */
    .top_menu {
        width: 100px;
        height: 40px;
        margin-bottom: 2px;
        line-height: 40px;
        text-align: center;
        background-image: linear-gradient(#99dab4, #3f7f00, #a2ddab);
        box-shadow: 3px 2px 6px 2px #c9decc;
    }
    .top_menu: hover {
        cursor: pointer;
        background-color: rgba(14, 136, 8, .8);
    }
    .menu_content ul {
        padding: 0;
        margin: 0;
    }
    .menu_content li {
        width: 100px;
```

```
        height: 40px;
        line-height: 40px;
        text-align: center;
        background-color: #0e8808;
        border-bottom: 1px solid #74a58f;
    }
    .menu_content li: hover {
        cursor: pointer;
        background-color: rgba(14, 136, 8, .8);
    }
    .shuxian {
        box-sizing: border-box;
        height: 40px;
        line-height: 40px;
        color: rgba(255, 255, 255, .6);
        background-image: linear-gradient(#99dab4, #3f7f00, #a2ddab);
    }
    .first {
        border-radius: 6px 0 0 6px;
    }
    .last {
        border-radius: 0 6px 6px 0;
    }
</style>
```

【代码解析】在“main”盒子上定义其布局模式为flex，从而让所有一级导航横向排列。先将类名为“menu_content”二级导航的透明度设为0，默认情况不显示，当鼠标经过到父元素“all”上时，其内部隐藏到hover中的子元素“menu_content”透明度改为1，实现切换。通过在hover后的子元素“menu_content”上设置过渡效果让过渡以“ease”的方式，在1 s之内呈现。其他布局及样式设置参考上述代码。

经验小贴士：

①display属性也可以用于控制盒子的显示和隐藏。当属性值为none时，盒子为隐藏状态；值为block时，为显示状态。但display属性不能用于设置过渡效果。

②通常可以通过列表li的嵌套来实现级联菜单效果，关键步骤是将CSS样式设置为父元素li的hover状态下子元素的效果（li:hover item {display}）。

单元二 设计制作2D和3D转换响应效果

4.2.1 转换动画

在Web开发中，transform属性用于指定元素的变换效果，它是CSS3中的一个重要属性，可以通过改变元素的位置、大小、旋转、倾斜、拉伸等方式来实现各种动画效果。transform属性可以应用于任何元素，包括图片、文本、按钮等，常用于实现动画效果、响应式布局等。

1. 2D转换方法

transfrom属性可用于控制对象在二维平面上的转换，可以实现位移、旋转和缩放等动态变化效果。它是CSS3中的重要属性，其值是关于位移、旋转、缩放的几个方法函数，具体见表4-3。

表 4-3 transform 的 2D 转换属性表

函 数	描 述
matrix(n, n, n, n, n, n)	定义 2D 转换，使用六个值的矩阵
translate(x, y)	定义 2D 转换，沿着 x 和 y 轴移动元素
translateX(n)	定义 2D 转换，沿着 x 轴移动元素
translateY(n)	定义 2D 转换，沿着 y 轴移动元素
scale(x, y)	定义 2D 缩放转换，改变元素的宽度和高度
scaleX(n)	定义 2D 缩放转换，改变元素的宽度
scaleY(n)	定义 2D 缩放转换，改变元素的高度
rotate(angle)	定义 2D 旋转，在参数中规定角度
skew(x-angle, y-angle)	定义 2D 倾斜转换，沿着 x 和 y 轴
skewX(angle)	定义 2D 倾斜转换，沿着 x 轴
skewY(angle)	定义 2D 倾斜转换，沿着 y 轴

利用transform属性设置2D转换，在HTML结构中，用两个类名为“box”的div分别来装图片div和文本div，结构代码如下：

```
<body>
 <div id="big">
     <!-- 盒子1 -->
     <div class="box">
         <div class="img">
             <img src="./image/qp.jpg" alt="" height="">
         </div>
         <div class="txt">
             <h2>高贵典雅旗袍彰显中华底蕴</h2>
         </div>
     </div>
     <!-- 盒子2 -->
     <div class="box">
         <div class="img">
             <img src="./image/3panwnog.jpg" alt="">
         </div>
         <div class="txt">
             <h2>穿越险峻沟壑忽现最美绿洲</h2>
         </div>
     </div>
 </div>
</body>
```

设置整个外层盒子宽为900 px，中部居中。用transform结合translate()和scale()方法函数实现放大和位移的效果，其样式代码如下：

```
<style>
    #big {
        width: 900px;
```

```
        margin: 100px auto;
    }
    .box {
        float: left;
        width: 400px;
        height: 600px;
        margin-right: 10px;
        border: 1px solid #767676;
        border-radius: 6px;
        transition: all 1s;
    }
    /* hover之后位置上移动 */
    .box:hover {
        box-shadow: 3px 3px 3px 3px rgba(0, 0, 0, .6);
        transform: translate(0, -5%);
    }
    .img img {
        width: 400px;
    }
    /* 图片hover之后放大1.3倍 */
    .box:hover .img img {
        transition: all 1s;
        transform: scale(1.3);
    }
    .img {
        overflow: hidden;
    }
    .txt {
        text-align: center;
    }
</style>
```

转换示例整体效果如图4-3所示，当鼠标移动到图片上，图片呈现向上移动，并放大1.3倍，转换后的效果如图4-4所示。

图4-3　图片转换前的效果

图 4-4　图片转换后的效果图

2. 3D转换方法

transform属性不仅可实现二维转换，还可以实现三维转换。三维转换是包含在*x*轴、*y*轴和*z*轴上的变化，其参数主要包括3D位移、3D旋转、3D缩放、3D矩阵多个功能函数，详细描述见表4-4。

表 4-4　transform 的 3D 转换函数及其描述

函　数	描　述
matrix3d(n, n, n, n, n, n ,n ,n ,n ,n ,n ,n ,n ,n ,n ,n)	定义 3D 转换，使用 16 个值的 4 × 4 矩阵
translate3d(x, y, z)	定义 3D 转换
translateX(x)	定义 3D 转换，仅使用用于 *x* 轴的值
translateY(y)	定义 3D 转换，仅使用用于 *y* 轴的值
translateZ(z)	定义 3D 转换，仅使用用于 *z* 轴的值
scale3d(x, y, z)	定义 3D 缩放转换
scaleX(x)	定义 3D 缩放转换，通过给定一个 *x* 轴的值
scaleY(y)	定义 3D 缩放转换，通过给定一个 *y* 轴的值
scaleZ(z)	定义 3D 缩放转换，通过给定一个 *z* 轴的值
rotate3d(x, y, z, angle)	定义 3D 旋转
rotateX(angle)	定义沿 *x* 轴的 3D 旋转
rotateY(angle)	定义沿 *y* 轴的 3D 旋转
rotateZ(angle)	定义沿 *z* 轴的 3D 旋转
perspective(n)	定义 3D 转换元素的透视视图

3. transform相关属性

与transform相关的一些属性用于设置变形时的参考原点、3D空间透视效果等，这些属性设置的前提是之前已经使用了transform属性。transform相关属性详细描述见表4-5。

表 4-5　transform 相关属性

属性	描　述	属 性 值
transform-origin	允许改变被转换元素的原点位置	用法：transform-origin: x-axis y-axis z-axis； x-axis：默认值为 50%，定义视图在 *x* 轴上的位置，可能值为：left/center/right/length/%； y-axis：默认值为 50%，定义视图在 *y* 轴上的位置，可能值为：top/center/bottom/length/%； z-axis：默认值为 0，定义视图在 *z* 轴上的位置，可能值为：length
transform-style	规定被嵌套元素如何在 3D 空间中显示	用法：transform-style: flat 或 preserve-3d； flat：表示所有子元素在 2D 平面呈现； preserve-3d：表示所有子元素在 3D 空间中呈现
perspective	规定 3D 元素的透视效果	用法：perspective: number 或 none； number：元素距离视图的距离，以像素为单位，数值越大，透视效果越明显； none：默认值，与 0 相同，无透视效果
perspective-origin	规定 3D 元素的底部位置	用法：perspective-origin: x-axis y-axis； x-axis：默认值为 50%，定义该视图在 *x* 轴上的位置，可能值为：left/center/right/length/%； y-axis：默认值为 50%，定义该视图在 *y* 轴上的位置，可能值为：top/center/bottom/length/%
backface-visibility	定义元素在不面对屏幕时是否可见	用法：backface-visibility: visible 或 hidden； visible：默认值，定义背面为可见； hidden：背面为不可见的

4.2.2　任务实践——设置制作2D和3D转换相应效果

【任务背景】常规的背景颜色变换、字体颜色或大小变换的鼠标响应效果虽然简单，但可能缺乏足够的视觉吸引力，不足以引起用户的注意。为了在用户界面上实现更具冲击力的效果，可以运用transform属性，设计出独特的2D（二维）或3D（三维）动态鼠标响应效果。本任务设计制作一个有多种2D转换响应效果的导航栏和一个鼠标支持响应的3D转换效果的立方体。这种创新的动态响应效果有助于增加页面的趣味性和视觉吸引力，提升用户体验。

【任务要求】导航栏内容包括我的主页、我的家乡、我的学校、我的爱好、我的项目、我的经历、我的奖励共七个菜单，运用transform属性设置其二维变换的鼠标响应效果，包括旋转、缩放、位移等。当用户将鼠标悬停在导航链接菜单上时，菜单以不同的方式进行变换，呈现出一种生动有趣的效果。制作一个三维立方体，每个面上呈现不同的颜色，并用文本“上下左右前后”分别嵌入到对应的面上，以示区分。当鼠标移动到立方体上时，立方体绕着x轴旋转100°，y轴旋转−200°，z轴旋转300°。整体效果如图4-5所示。

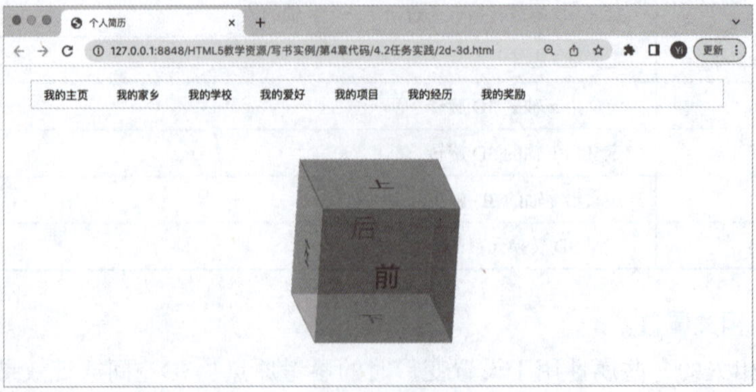

图 4-5　2D 和 3D 动态鼠标响应效果图

【任务实施】

1. 结构代码

2D和3D动态鼠标响应效果结构参考代码如下：

```
<body>
    <!-- 2d 导航 -->
    <ul id="nav">
        <li class="f1"> 我的主页 </li>
        <li class="f2"> 我的家乡 </li>
        <li class="f3"> 我的学校 </li>
        <li class="f4"> 我的爱好 </li>
        <li class="f5"> 我的项目 </li>
        <li class="f6"> 我的经历 </li>
        <li> 我的奖励 </li>
    </ul>
    <!-- 3Dbox -->
    <div class="box">
        <div class="block front"> 前 </div>
        <div class="block back"> 后 </div>
        <div class="block top"> 上 </div>
        <div class="block bottom"> 下 </div>
        <div class="block left"> 左 </div>
        <div class="block right"> 右 </div>
    </div>
</body>
```

【代码解析】在HTML的<body>标签中，有两个主要部分：

2D导航栏：使用无序列表<ul>元素创建了一个导航栏，每个导航项用列表项<li>表示。每个导航项都包含一个类名（如f1、f2等），这些类名可能会在CSS中用来定义不同的样式。这个导航栏包含了多个项目，例如“我的主页”“我的家乡”等。这些项目可能是网站页面的链接，用来导航用户到不同的内容。

3D立方体：使用<div>元素创建了一个包含多个子元素的容器，模拟了一个3D立方体的外观。每个子元素使用block类来标识，以及额外的类来标识各个面（如 front、back、top等）。通过设置这些类名，可以在CSS中定义每个面的样式，如不同的颜色、文字等。这个3D立方体可能用于展示一个特定的概念、功能或者简单的演示。

2. 样式代码

2D和3D动态鼠标响应案例的样式参考代码如下：

```
<style type="text/css">
    * {box-sizing:border-box; padding:0;margin:0;}
    /* 2d 导航 */
    #nav {width:1000px; height:40px; margin:20px auto; line-height:40px;
border:1px solid #dadada;}
    #nav li {display:inline-block; width:100px; text-align:center;}
    li:hover {background-color:#f8782e; opacity:.5;}
    .f1:hover {transform:translateY(-10px);}
    .f2:hover {transition:1s; transform:translate(10px, -10px);}
    .f3:hover {transform:scaleX(1.2);}
```

```
    .f4:hover {transition:1s; transform:skew(30deg);}
    .f5:hover {transform:skewY(30deg);}
    .f6:hover {transition:1s; transform:rotate(30deg);}
    /* 3D 旋转 */
    .box {position:relative; width:200px; height:200px; margin:100px auto;
transform:rotateY(10deg) rotateX(-20deg); transform-style:preserve-3d;}
    .block {position:absolute; width:200px; height:200px; font-size:40px;
line-height:200px; text-align:center; border:1px solid #676767; opacity:.5;}
    .front {background-color:#1573ff; transform:translateZ(100px);}
    .back {background-color:#d63295; transform:translateZ(-100px);}
    .top {background-color:#fa0; transform:rotateX(90deg) translateZ(100px);}
    .bottom {background-color:#5ddcff; transform:rotateX(90deg) translateZ
(-100px);}
    .left {background-color:#5ddcff; transform:rotateY(-90deg) translateZ
(100px);}
    .right {background-color:#550; transform:rotateY(90deg) translateZ
(100px);}
    .box:hover {transition:2s; transform:rotateY(100deg) rotateX(-200deg)
rotateZ(300deg);}
  </style>
```

【代码解析】通过CSS来定义2D导航栏和3D立方体旋转案例中各个元素的样式和交互效果。

（1）2D导航栏部分

先设置全局样式，将所有元素的盒模型设置为border-box，并设置外边距和内边距为0。

通过ID选择器#nav定义2D导航栏的样式，设置了宽度、高度、边距、线高和边框属性，使导航栏呈现出一定的外观。

定义li选择器的样式，使导航项以内联块显示，具有固定的宽度和居中的文本对齐。设置鼠标悬停时导航项的背景颜色和透明度，以实现交互效果。

定义不同类名（如.f1、.f2等）的样式，应用了不同的transform变换效果，如位移、旋转、缩放等，以在鼠标悬停时实现不同的动态效果。

（2）3D立方体部分

定义.box 类的样式，创建一个3D立方体的容器，设置了位置、大小、旋转等属性，通过transform-style属性设置为preserve-3d，以保持3D效果。

定义.block 类的样式，作为立方体的各个面。设置了颜色、字体大小、边框等属性，使每个面呈现出不同的外观。再为各个面（.front、.back、.top等）定义样式，设置了不同的背景颜色和变换效果，使立方体的各个面在空间中展现出不同的位置和角度。

定义.box:hover 的样式，实现鼠标悬停时立方体的旋转效果，通过使用transition属性来平滑过渡。

综合而言，这段样式代码通过CSS的各种属性和选择器，为2D导航栏和3D立方体定义了多种样式和动态交互效果，从而创造出一个引人注目的网页界面。

经验小贴士：

① transform 和 transition 是两个非常强大的 CSS 属性，可以在网页设计中创造出令人印象深刻的效果。然而，在使用它们时，需要考虑性能、动画流畅性以及用户体验，以确保它们

增强页面的吸引力而不会造成负面影响。

②从性能角度考虑，尽量避免在大量元素上同时使用复杂的 transform 效果，因为它可能会影响页面的性能。复杂的 3D 转换尤其需要小心，因为浏览器的渲染需要更多的计算资源。

③组合效果角度考虑，可以在同一个元素上同时使用多个 transition 属性，以实现在不同属性上的不同过渡效果，从而创造出更丰富的交互体验。

单元三　设计制作动态校训

4.3.1 @keyframes规则

@keyframes是CSS3中的一个规则，用于定义动画的关键帧，通过在不同的时间点上指定元素的样式，从而创建平滑的过渡效果。@keyframes规则通常与animation属性一起使用，用于指定动画的具体动作和变化。以下是对@keyframes规则的描述。

@keyframes规则的基本语法如下：

```
@keyframes animationName {
    from {
        /* 初始样式 */
    }
    to {
        /* 最终样式 */
    }
}
```

或者使用百分比关键帧，语法格式如下：

```
@keyframes animationName {
    0% {
        /* 起始样式 */
    }
    50% {
        /* 中间样式 */
    }
    100% {
        /* 最终样式 */
    }
}
```

关键帧指定样式：在@keyframes规则中，可以使用from和to或者百分比来指定关键帧的样式。from对应动画开始时的样式，to对应动画结束时的样式。使用百分比关键帧时，可以在不同百分比上指定中间的样式。

多个关键帧：可以在@keyframes规则中定义多个关键帧，以实现更复杂的动画效果。每个关键帧包含不同的样式设置，用于在不同时间点上改变元素的外观。

自定义名称：animationName是给动画起的名称，可以在后续的animation属性中使用它来应用动画。这可以在同一页面上使用不同的动画效果。

过渡效果：通过在关键帧之间设置不同的样式，浏览器会自动计算出元素在每个关键帧之间的中间状态，从而创建出平滑的过渡效果。

使用@keyframes规则可以轻松地定义元素在动画过程中的外观变化，实现丰富多样的动画效果，从而为网页带来更生动的交互体验。

以下是用@keyframes规则设计一个中国风的示例，效果如图4-6所示。

图 4-6　@keyframes 规则示例效果图

@keyframes规则案例示例代码如下：

```
<html>
  <head>
      <meta charset="utf-8">
      <title></title>
      <style type="text/css">
          #aa {background-color:#a2a223; height:200px; width:300px;  position:
relative; background:url('img/chinastyle.webp') 5px/300px; text-align:center;
color:red; padding-top:10px; margin:10px auto;}
          .content {width:100%; height:100%;}
          /* after 伪类元素 */
              .content:hover::after {display:block; content:""; height:4px;
background-color:red; position:absolute;bottom:0; animation:change 1s forwards;}

          @keyframes change {
              from {width:0;}
              to {width:100%;}
          }
      </style>
  </head>
  <body>
      <div id="aa">
          <div class="content"> 中国风 </div>
      </div>
  </body>
</html>
```

通过CSS样式和HTML结构，展示了一个带有中国风主题的方框元素。当鼠标悬停在元素上时，会出现一条红色的底部线条，通过动画产生过渡效果。

#aa选择器定义了一个具有背景颜色、高度、宽度、定位等属性的元素，并设置了背景图片。用选择器“.content”用于定义嵌套在“#aa”元素内部的内容元素，设置了宽度和高度为100%。

通过::after伪类选择器，定义了鼠标悬停在“.content”元素上时的样式。当悬停时，会显示一个横向红色线条，表示底部边界，使用动画属性实现了线条从左到右的过渡效果。

@keyframes change规则定义了名为change的动画，从初始状态到结束状态，改变线条的宽度，实现悬停时的过渡效果。

素养园地

何为中国风？

“中国风”是一个广泛用来描述中国传统文化特色和风格的词汇。它指的是具有浓厚中国文化元素和传统审美特点的事物、艺术表现、设计风格等。中国风强调的是传统与现代的结合，以及对中国传统文化的传承和发扬。

在不同的领域，中国风可以体现为以下几个方面：

服饰与造型：中国风的服装和造型通常取材于传统的汉服、旗袍等，使用传统的图案、颜色和织物。这些服饰在现代设计中融入了新的元素，体现了传统与时尚的结合。

艺术和设计：中国风的艺术和设计常常受到中国传统绘画、书法、工艺品等的影响。它们可能在现代艺术作品中表现为传统的题材、笔法和意境。

建筑与景观：在建筑设计和城市规划中，中国风可以表现为传统的建筑风格、园林景观，或是现代建筑中融入传统元素的表现。

文学和音乐：文学作品、音乐演奏等艺术形式也可以表现出中国风，如古典文学、古乐等的影响。

饮食与茶文化：中国风也体现在传统的饮食、茶文化中，如茶艺表演、传统糕点等。

总的来说，“中国风”强调传统文化的传承和创新，以及对中国古老文化的尊重和发展。它可以在不同领域中体现，既是一种审美的表达，也是对中国文化多样性的一种呈现。

4.3.2　任务实践——设计制作动态校训

【任务背景】某校的校训包括“厚德、精业、创新、有为”。通常校训的展示都是以加载静态图片的方式呈现。本任务以CSS和HTML来设计，以动态形式呈现校训。创新的闪烁设计可以吸引访客的目光，生动地展示了学校的核心价值观，同时可避免使用静态图片，减少了文件量。

【任务要求】校训首先以整体淡入的方式逐渐出现在页面上，接着每个词汇会依次从左至右闪现出现，呈现出有序的效果，每个词汇间隔1 s。为每个词分配一个类名，以便在CSS中进行样式定义和动画，样式包括采用“xingshu”字体，设置文本的阴影效果。整体效果如图4-7所示。

图 4-7　动态校训效果

视频

任务实践——设计制作动态校训

【任务实施】

1. 结构代码

动态校训案例的结构参考代码如下：

```
<div id="box">
    <div class="wb f1"> 厚德 </div>
    <div class="wb f2"> 精业 </div>
    <div class="wb f3"> 创新 </div>
    <div class="wb f4"> 有为 </div>
</div>
```

【代码解析】创建一个包含四个文本块的容器，id名为box。每个文本块代表了校训中的一个特定的词汇，每个词汇的样式是通过添加类名来指定的，一个公共的类名为“wb”，再分别以“f1”“f2”“f3”“f4”来表示不同校训词汇的样式，再赋予每个词汇不同的字体、颜色、背景等视觉效果。

2. 样式代码

动态校训案例的样式参考代码如下：

```
<style type="text/css">
    #box {width:300px; height:200px; margin:20px auto; animation:show 2s;}
    .wb {display:inline-block; writing-mode:tb; font-size:40px;  letter-spacing:10px; -webkit-text-stroke:1px green; color:white;  font-family:xingshu; text-shadow:2px 2px 10px #515151;}
    /* 字体引用 */
    @font-face {
        font-family:xingshu;
        src:url(xkzt.ttf);
    }
    /* 定义动画 */
    @keyframes show {
        from {opacity:0;}
        to {opacity:1;}
    }
    .f1 {animation:show 2s 1s;}
    .f2 {animation:show 2s 2s;}
    .f3 {animation:show 2s 3s;}
    .f4 {animation:show 2s 4s;}
</style>
```

【代码解析】

设置外层盒子样式：设置id为box的样式，定义一个宽度为300 px、高度为200 px的容器，居中显示，并应用了名为“show”的动画，持续时间为2 s，实现校训的整体闪现。

设置公共的文本样式：在“wb”类上定义文字从上至下排列，字号为40 px，字距为10 px。设置绿色的文字描边、白色的文字颜色，使用自定义字体“xingshu”，以及文字的阴影效果。利用@font-face 规则引入了名为“xingshu”的自定义字体，字体文件为“xkzt.ttf”。

设置动画：采用@keyframes规则定义名为“show”的动画，从透明度0（初始状态）到透明度1（最终状态）进行渐变。再将“show”动画应用于“.f1”到“.f4”的每个词上，且分别延迟1 s、2 s、3 s和4 s后开始。

实现页面加载后通过动画从透明度0逐渐淡入显示。每个词汇具有不同的延迟，以便按序闪现，为网页带来了视觉上的吸引力和动态效果。

经验小贴士：

①虽然现代浏览器大多支持 @keyframes 规则，但在使用时仍要考虑不同浏览器的兼容性。可以通过使用浏览器前缀（如 -webkit-、-moz-、-ms-）来确保动画在不同浏览器中正常工作。

②定义关键帧时，不需要每一帧都定义，可以根据需要选择关键的状态。过多的关键帧可能会让动画定义变得冗长，同时也会降低性能。

③注意选择适当的动画时长和速度函数（缓动函数），以确保动画的节奏感和流畅性符合用户预期。

单元四　制作图片瀑布流

4.4.1　CSS3多列布局属性

CSS3的多列布局属性允许将内容分成多个列，以便更好地利用页面空间，同时提升阅读体验。CSS3多列布局属性主要以column为前缀，包含column-count定义列数，column-width定义列宽，column-gap用于设置列之间的间隔距离等，详细描述见表4-6。

表 4-6　多列布局属性及其描述

属　性	描　述
column-count	设置内容分成的列数
column-width	定义每列的宽度
column-gap	设置列之间的间隔距离
column-rule	设置列规则的宽度、样式和颜色
column-rule-width	设置列规则的宽度
column-rule-style	设置列规则的样式
column-rule-color	设置列规则的颜色
column-span	定义元素横跨多少列
column-fill	定义列的高度填充方式
column-break-before	定义内容在多列布局中元素之前的断行行为
column-break-after	定义内容在多列布局中元素之后的断行行为
column-break-inside	定义内容在多列布局中元素内部的断行行为
column-rule	列规则的缩写属性，包括宽度、样式和颜色

以上属性可以灵活地控制多列布局的外观和行为，能够创建更丰富多样的页面布局，提升用户体验和页面设计。但需要注意的是，不同的浏览器可能对这些属性的支持有所不同，因此在使用时要考虑兼容性问题。

用多列布局属性设计一个多列文本案例，效果如图4-8所示。

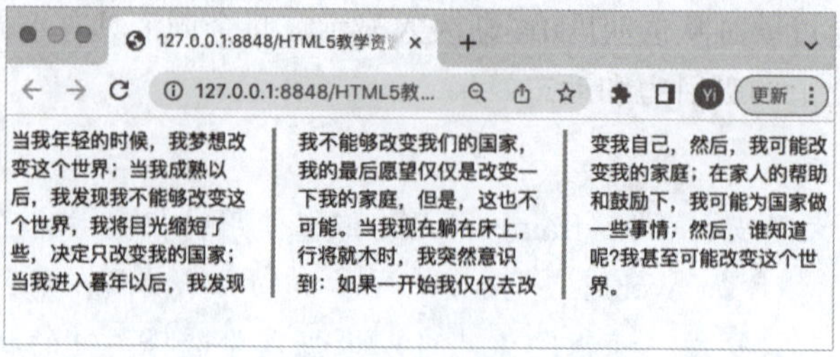

图 4-8　多列文本案例效果

视 频

多列布局

该案例的HTML结构和样式比较简单，首先将所有文本放置在类名为“newspaper”的div中，设置该类的多列属性为：设置column-count值为3，设置column-gap值为40 px，设置column-rule值为4 px。若考虑不同浏览器，可以在属性前加上浏览器内核前缀，如-moz-column-count:3;/* Firefox 浏览器*/。具体参考代码如下：

```
<html>
<head>
    <meta charset="utf-8">
    <title></title>
    <style>
        .newspaper {column-count:3; column-gap:40px; column-rule:4px}
    </style>
</head>
<body>
    <div class="newspaper">
        当我年轻的时候，我梦想改变这个世界；当我成熟以后，我发现我不能够改变这个世界，我将目光缩短了些，决定只改变我的国家；当我进入暮年以后，我发现我不能够改变我们的国家，我的最后愿望仅仅是改变一下我的家庭，但是，这也不可能。当我现在躺在床上，行将就木时，我突然意识到：如果一开始我仅仅去改变我自己，然后，我可能改变我的家庭；在家人的帮助和鼓励下，我可能为国家做一些事情；然后，谁知道呢？我甚至可能改变这个世界。
    </div>
</body>
</html>
```

4.4.2　任务实践——制作图片瀑布流

【任务背景】图片瀑布流布局是一种吸引人们眼球、有效展示大量图片、能提供良好用户体验的布局方式，适用于许多图片展示的场景，如相册和作品集、商品展示、新闻和时事、设计作品集、旅游和景点介绍等。本任务以图片瀑布流布局方式是对一系列风景和艺术设计图片进行排列布局，以便用户轻松地浏览和发现感兴趣的内容。

【任务要求】将页面的背景设置为灰色，图片瀑布流设置为五列布局，每张图片宽度为240 px，图片四周设置部分留白，图片设置阴影效果。当鼠标移动到图片上时，在图片底端浮现“小晓作品”字样。整体效果如图4-9所示。

图 4-9　图片瀑布流布局效果

【任务实施】

1. 结构代码

图片瀑布流布局的结构参考代码如下：

```
<div id="content">
    <div class="tu"><img src="img/pexels-photo-3721426.jpeg"></div>
    <div class="tu"><img src="img/pexels-photo-3814914.webp"></div>
    <div class="tu"><img src="img/pexels-photo-6622889.jpeg"></div>
    <div class="tu"><img src="img/pexels-photo-7420374.jpeg"></div>
    <div class="tu"><img src="img/pexels-photo-8795125.webp"></div>
    <div class="tu"><img src="img/pexels-photo-8965699.jpeg"></div>
    <div class="tu"><img src="img/pexels-photo-9542664.jpeg"></div>
    <div class="tu"><img src="./img/pexels-photo-3721426.jpeg"></div>
    <div class="tu"><img src="./img/pexels-photo-3814914.webp"></div>
    <div class="tu"><img src="./img/pexels-photo-6622889.jpeg"></div>
    <div class="tu"><img src="img/pexels-photo-8795125.webp"></div>
    <div class="tu"><img src="img/pexels-photo-8965699.jpeg"></div>
    <div class="tu"><img src="img/pexels-photo-3814914.webp"></div>
</div>
```

【代码解析】首先，使用id属性为“content”来标识外层容器。容器内包含多个<div>元素，每个元素都有类名“tu”，表示一个图片的块。每个内部<div>块中都包含一个<img>元素，通过src属性来指定图片的路径。这些图片分别位于不同的文件中，以.jpeg和.webp格式存在。

2. 样式代码

图片瀑布流布局的样式参考代码如下：

```
<style type="text/css">
    body {
        background-color: #dfdfdf;
    }
    #content {
        column-gap: 20px;
        width: 1300px;
        margin: 10px auto;
        column-count: 5;
    }
    .tu {
        position: relative;
        width: 256px;
        padding: 10px 0;
        margin-top: 10px;
        text-align: center;
        background-color: white;
        box-shadow: -1px -1px 2px 2px #8c8c8c;
    }
    .tu img {
        width: 240px;
    }
    .tu:hover:after {
```

```
        position: absolute;
        bottom: 0;
        display: block;
        width: 240px;
        height: 30px;
        margin: 14px 8px;
        font-weight: bold;
        line-height: 30px;
        color: white;
        content: "小晓作品";
        background-color: #000;
        opacity: .5;
        animation: show 500ms;
    }
    @keyframes show {
        from {
            opacity: 0;
        }
        to {
            opacity: .5;
        }
    }
</style>
```

【代码解析】该样式代码用于定制一个图片展示区域的外观和交互效果。

页面背景和容器设置：设置页面背景颜色为灰色。创建一个容器（#content），指定了列之间的间隔为20 px，容器总宽度为1 300 px，并将其在页面上居中显示。

多列布局：使用column-count属性将内容分成5列，每列将容纳一个图片块。

图片块样式：图片块“.tu”被定义为相对定位，以便定位悬浮在底部展示文本的子元素，设置图片宽度为256 px。设置上下边距和内部填充，居中对齐，具有白色背景，实现留白效果。为图片块添加了轻微的阴影效果，以增加立体感。

图片尺寸控制：图片“.tu img”的样式指定了宽度为240 px，以确保图片在块内合适地显示。

悬停效果：在鼠标悬停在图片块上时，通过使用伪类:after，创建一个遮罩层。遮罩层显示文本“小晓作品”，位于图片块的底部，具有半透明黑色背景，文字颜色为白色。该遮罩层的显示采用了渐变动画，使文字逐渐浮现。

淡入动画：使用@keyframes规则定义一个渐变动画show，将遮罩层的透明度从初始的0逐渐增加到0.5，实现文字的淡入效果。

经验小贴士：

①由于瀑布流中会同时加载多张图片，确保图片经过了适当的压缩和优化，以减少页面加载时间。使用适当的图片格式（如JPEG、WebP）和合适的分辨率，以平衡图片质量和加载速度。

②尽量让每列的高度相近，这可以提升整体布局的美观性。使用 JavaScript 等方式，确保在加载新图片时，选择高度最小的列插入，以保持列的平衡。

③结合无限滚动，采用懒加载技术，即在用户滚动到可见区域时再加载图片，以减少初始页面加载时间。

小　结

本模块深入探讨了CSS3中的多个高级应用，包括过渡效果（transition）、2D和3D变换（transform）、动画关键帧（@keyframes）以及多列布局（column-count、column-width等），并通过丰富的案例展示了这些技术的实际应用。

通过下拉式导航菜单的案例，展示了如何利用transition属性实现菜单的平滑显示与隐藏效果，增强了用户交互体验。在2D和3D转换响应效果的案例中，使用transform属性实现了导航菜单的动态变换效果，并创建了一个3D立方体，展示了CSS3在动态交互设计中的强大能力。在动态校训的案例中，通过@keyframes规则实现了校训词汇的淡入和依次闪现效果，结合自定义字体和文本阴影，生动地展示了学校的核心价值观。在图片瀑布流布局的案例中，利用多列布局属性实现了图片的瀑布流展示，并通过hover效果在图片底部浮现文字，结合阴影和动画效果，提升了图片展示的视觉效果和交互体验。这些案例不仅展示了CSS3在网页设计中的多样化应用，还为开发者提供了丰富的实践参考，帮助开发者更好地掌握CSS3的高级特性，提升网页的动态效果和用户体验。

习　题　4

一、单项选择器

1. 下列选项中，（　　）是CSS3新增的属性。

   A. box-shadow　　B. border　　C. background　　D. display

2. 在CSS语法中，设置背景图像的URL地址，CSS属性为（　　）。

   A. background-position　　B. background-color

   C. background-image　　D. background-attachment

3. 下列CSS命名规范中，正确的是（　　）。

   A. 尽量使用类选择器进行样式设定

   B. 类命名时取父元素的class名作为前缀，使用_连接

   C. 类名与样式之间以回车进行分割

   D. 严禁添加CSS代码注释

4. CSS3 Transform属性中的rotate()函数可以用来实现（　　）效果。

   A. 缩放元素的大小　　B. 旋转元素

   C. 倾斜元素　　D. 移动元素的位置

5. 下面选项中，可以将元素沿*y*轴进行翻转的CSS3 Transform属性是（　　）。

   A. translateY()　　B. scaleX()　　C. skewY()　　D. rotateY()

二、多项选择题

1. CSS的transition属性用于指定元素在发生变化时的过渡效果。下列选项中，可以被过渡效果作用的属性是（　　）。

   A. color　　B. font-size　　C. border-radius　　D. display

   E. background-color

2. CSS的transition属性中的timing-function属性用于定义过渡效果的时间曲线。以下选项中，（　　）是有效的timing-function值。

A. linear　　B. ease-in　　C. swing　　D. cubic-bezier()

3. CSS3动画中的animation-direction属性用于定义动画的播放方向。以下选项中，（　　）是有效的animation-direction值。

A. normal　　B. reverse　　C. alternate　　D. static

4. transform的类型有（　　）。

A. scale　　B. skew　　C. translate　　D. rotate

E.tansition

5. HTML5支持的视频格式有（　　）。

A. ogg　　B. mp4　　C. flv　　D. WebM

三、判断题

1. 图片精灵技术（css sprites定位技术）可以减少向服务器请求次数，减轻服务器压力。（　　）

2. 父元素的所有CSS属性不一定都会被子元素继承。（　　）

3. @keyframes关键帧动画定义了动画的起始状态、中间状态和结束状态。（　　）

4. animation属性可以用于同时定义多个动画效果。（　　）

5. 使用transition属性时，必须同时指定transition-property和transition-duration属性。（　　）

模块五
Web表单制作

学习目标

◎理解表单的基本结构和元素间的关系；

◎理解HTML表单元素，如文本框、复选框、单选按钮、下拉列表等，以及它们的用途；

◎了解如何使用CSS为表单元素添加样式，以及如何应用布局技巧，创造吸引人且易于使用的表单界面；

◎掌握如何设置必填字段、输入格式和合法性检查，以及如何为用户提供实时反馈；

◎熟悉如何使用JavaScript为表单添加交互功能，如动态显示/隐藏字段、条件验证，以及如何通过CSS过渡和动画增强用户交互感；

◎熟悉正则表达式的基本规则。

单元一　制作个人信息页面

5.1.1　表单介绍

Web表单是一种用于在网页上收集用户输入数据的交互性元素。它们通常用于收集用户的信息、反馈、订阅、注册等。Web表单提供了一种用户界面，让用户能够输入文本、选择选项、上传文件等，然后将收集的数据提交到服务器进行处理。表单是实现用户与网站交互的重要工具，常见于登录页面、注册页面、搜索栏、评论框等地方。

Web表单一般由多个组件构成。这些组件一起协作，使用户能够输入、提交和处理数据。创建一个登录表单示例，包含用户名和密码字段，以及一个提交按钮。效果如图5-1所示。

图 5-1　登录表单效果

登录表单示例代码如下：

```
<body>
    <h2>登录</h2>
```

```
        <form action="login.php" method="post">
            <label for="username">用户名：</label>
            <input type="text" id="username" name="username" required><br><br>
            <label for="password">密码：</label>
            <input type="password" id="password" name="password" required><br>
<br>
            <input type="submit" value="登录">
        </form>
    </body>
```

该示例使用了以下组件：

<form>元素：表单的容器，所有控件都放在该容器中。action属性指定数据提交的目标页面，method 属性定义提交方式为post。

<label> 元素：用于为表单字段添加标签，for属性与相应的字段的id相关联。

<input>元素：文本框和密码框字段，type属性定义字段类型，id属性与<label>相关联，name属性指定字段名称，required属性强制字段为必填项。

<input>元素（提交按钮）：用于提交表单数据。

HTTP中，GET方法和POST方法是两种常用的请求方式，用于在客户端和服务器之间传递数据。它们在数据传递、安全性、缓存等方面有一些区别，详细描述见表5-1。

表 5-1　GET 方法与 POST 方法对比表

特　点	GET 方法	POST 方法
数据传递方式	通过 URL 的查询参数传递数据，数据附加在 URL 的末尾，形如 http://example.com/page?	通过请求的正文传递数据，数据被包含在请求体中
安全性	数据暴露在 URL 中，不适合敏感信息	数据不暴露在 URL 中，适合敏感信息
缓存	默认被浏览器缓存	默认不被浏览器缓存
数据长度	有 URL 长度限制，不适合大量数据	理论上没有数据长度限制，适合大量数据
幂等性	幂等操作，多次调用不产生影响	可以是非幂等操作，多次调用可能会对服务器产生不同的影响

5.1.2　常用表单控件

表单控件是用于在HTML表单中接收用户输入、选择选项或执行操作的各种元素。它们允许用户与网页进行交互，输入数据并将数据提交给服务器。常用的表单控件见表5-2。

表 5-2　常用表单控件

表单控件	描　述	示　例
文本框（Text Input）	允许用户输入单行文本	<input type="text" name="username">
密码框（Password Input）	类似于文本框，但输入内容被隐藏，适用于密码输入	<input type="password" name="password">
文本域（Textarea）	允许用户输入多行文本，适用于大文本块	<textarea name="comments"></textarea>
单选按钮（Radio Buttons）	允许用户从一组选项中选择一个	<input type="radio" name="gender" value="male">

续表

表单控件	描　述	示　例
复选框（Checkboxes）	允许用户从一组选项中选择多个	<input type="checkbox" name="hobbies" value="reading">
下拉列表（Select Dropdown）	允许用户从预定义选项中选择一个	<select name="country"><option value="China"> 中国 </option></select>
文件上传（File Upload）	允许用户选择并上传文件，如图片、文档等	<input type="file" name="file">
提交按钮（Submit Button）	触发表单数据提交至服务器，将用户数据发送到后端	<input type="submit" value="Submit">
重置按钮（Reset Button）	将表单中的字段重置为默认值	<input type="reset" value="Reset">
隐藏字段（Hidden Field）	不可见字段，通常用于存储额外的信息	<input type="hidden" name="token" value="abcd123">
按钮（Button）	用于执行自定义 JavaScript 操作，不会自动提交表单	<button onclick="myFunction()">Click me</button>
颜色选择器（Color Picker）	允许用户选择颜色	<input type="color" name="color">
日期和时间输入（Date/Time Input）	允许用户输入日期、时间或日期时间	<input type="date" name="dob">
数字输入（Number Input）	允许用户输入数值	<input type="number" name="quantity">
范围输入（Range Input）	用于选择一个范围内的数值，如音量控制	<input type="range" name="volume">
邮箱输入（Email Input）	提供邮箱格式验证和适当的输入模式	<input type="email" name="email">
电话输入（Tel Input）	提供电话号码格式验证和适当的输入模式	<input type="tel" name="phone">
URL 输入（URL Input）	提供 URL 格式验证和适当的输入模式	<input type="url" name="website">

结合相关input控件制作用户基本信息表单示例，用于收集用户的姓名、邮箱、性别、兴趣和留言等，并通过提交按钮将这些数据发送到服务器进行处理。效果如图5-2所示。

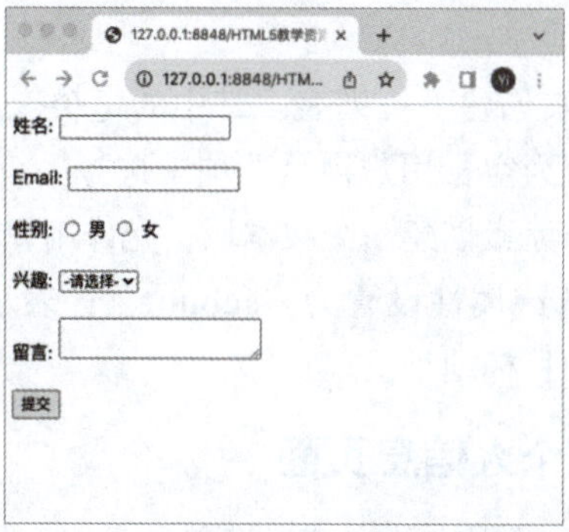

图 5-2　用户基本信息表单界面

相关参考代码如下：

```
<form action="/submit-form" method="post">
     <label for="name">姓名:</label> <input type="text" id="name" name=
"name"><br><br>
     <label for="email">Email:</label> <input type="email" id="email" name=
"email"><br><br>
     <label for="gender">性别:</label> <input type="radio" id="male" name=
"gender" value="male">
```

```
        <label for="male">男</label> <input type="radio" id="female" name=
"gender" value="female">
        <label for="female">女</label><br><br>
        <label for="interests">兴趣:</label>
        <select id="interests" name="interests">
            <option value="">-请选择-</option>
            <option value="programming">编程</option>
            <option value="reading">阅读</option>
            <option value="traveling">旅行</option>
        </select><br><br>
        <label for="message">留言:</label> <textarea id="message" name="message"
></textarea> <br>
        <input type="submit" value="提交">
    </form>
```

以上代码主要作用解析如下：

<form>标签：这是表单的容器，设置了action和method两个重要的属性。action属性指定了表单提交的目标地址，这里设置为“/submit-form”，意味着表单数据将被发送到该地址进行处理。method属性指定了数据提交的HTTP方法，这里使用了“post”方法，表示通过HTTP POST方法提交数据。

姓名输入框：使用了<input>元素，type属性设置为“text”，表示这是一个文本输入框。id属性与for属性对应，用于关联<label>元素。name属性设置为“name”，在数据提交时将作为字段名发送到服务器。

邮箱输入框：类似于姓名输入框，但type属性设置为“email”，启用了浏览器的邮箱格式验证功能。

性别选择：使用两个单选按钮，分别代表男性和女性。type属性设置为“radio”，name属性相同，使得用户只能选择其中一个选项。value属性分别设置为“male”和“female”，这些值将被发送到服务器。

兴趣选择：使用<select>元素创建下拉列表。其中的每个<option>元素表示一个选项。用户可以从中选择兴趣。默认选项值为空，用户需从选项中选择一个。

留言文本域：使用<textarea>元素创建一个文本域，允许用户输入多行文本，如留言或备注。

提交按钮：<input>元素的type属性设置为“submit”，表示这是一个提交按钮。用户点击后，表单数据将被发送到指定的目标地址。

5.1.3 任务实践——制作个人信息页面

【任务背景】个人信息页面即用户基本信息表单，是一个用于收集用户个人信息的交互性元素，旨在为网站或应用程序收集用户的基本背景信息，以便更好地为用户提供个性化的服务和体验。该表单的任务是促使用户主动提供关键信息，从而建立更紧密的互动关系，并为用户提供个性化的内容和功能。用户基本信息表单在提高用户参与度、个性化体验和有效营销方面扮演着重要角色，是网站和应用开发中不可或缺的一部分。

【任务要求】用户基本信息表单通常包含用户名、姓名、性别、年龄、所在省份、运动爱好、喜爱颜色、出生年月、邮箱、上传简历等字段，通过“提交”按钮实现将收集到的信息，以get方式发送到地址www.ruanxie.com/massage.php进行处理。用户基本信息表单应该设计简洁明了，避免过多的强制填写项。整体效果如图5-3所示。

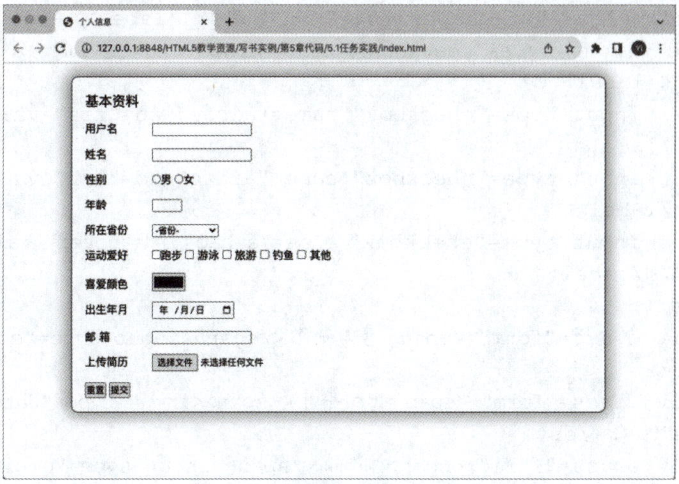

图 5-3　用户基本信息表单效果

【任务实施】

1. 结构代码

用户基本信息页面的结构参考代码如下：

```
    <body>
     <div id="big">
         <div class="top">基本资料</div>
         <form action="www.ruanxie.com/massage.php" method="get">
             <div class="form"><span>用户名</span><input type="text" id="" value=""
/></div>
             <div class="form"><span>姓名</span><input type="text" id="" value=""
/></div>
             <div class="form"><span>性别</span><input type="radio" name="xb"
id="nan" value="male" /><label for="nan">男</label> <input type="radio" name="xb"
id="nv" value="female" /><label for="nv">女</label></div>
             <div class="form"><span>年龄</span><input type="number" min="0" max=
"120"></div>
             <div class="form"><span>所在省份</span>
                 <select name="prov" class="province">
                     <option value="">-省份-</option>
                     <optgroup label="直辖市">
                         <option value="">北京</option>
                         <option value="">天津</option>
                         <option value="">重庆</option>
                         <option value="">上海</option>
                     </optgroup>
                     <optgroup label="华东">
                         <option value="">江苏</option>
                         <option value="">浙江</option>
                         <option value="">福建</option>
                     </optgroup>
                 </select>
             </div>
             <div class="form"><span>运动爱好</span><input type="checkbox" name=
```

```
"aihao" id="run" value="" /><label for="run">跑步</label>
                <input type="checkbox" name="aihao" id="swim" value="" /> <label
for="swim">游泳</label>
                <input type="checkbox" name="aihao" id="tra" value="" /> <label
for="tra">旅游</label>
                <input type="checkbox" name="aihao" id="fish" value="" /> <label
for="fish">钓鱼</label>
                <input type="checkbox" name="aihao" id="other" value="" /> <label
for="other">其他</label>
            </div>
            <div class="form"><span>喜爱颜色</span><input type="color" id="color"
value="" /></div>
            <div class="form"><span>出生年月</span><input type="date" id="" value=
"" placeholder="" /></div>
            <div class="form"><span>邮 箱</span><input type="email" id="" value=
"" placeholder="" /></div>
            <div class="form"><span>上传简历</span><input type="file" id="" value=
"" placeholder="" /></div>
            <div class="form"><input type="reset" value="重置" /> <input type=
"submit" id="" name="" /></div>
        </form>
    </div>
  </body>
```

【代码解析】

<body>部分：在页面主体中，创建一个id为“big”的<div>，用于容纳整个表单。

<div class="top">：这是一个标题，显示“基本资料”，使用类名“top”进行样式设置，使标题看起来更大和加粗。

<form>元素：这是一个表单，通 action和method属性指定了表单提交的目标地址和方法。

表单控件：在表单中，有一系列不同类型的表单控件，每个控件都位于一个<div>元素内，使用类名“form”进行样式设置。以下是每个表单控件的分析：

用户名和姓名输入框：两个<input>元素，type="text"，用户可以在其中输入用户名和姓名。

性别单选按钮：使用两个<input>元素，type="radio"，通过name属性分组，使用<label>标签来标识“男”和“女”选项。

年龄输入框：使用<input>元素，type="number"，限定了最小值为0，最大值为120。

所在省份下拉列表：使用<select>元素，包含多个省份选项，使用<optgroup>来分组选项。

运动爱好复选框：使用多个<input>元素，type="checkbox"，通过name属性分组，使用<label>标签来标识多个运动爱好选项。

喜爱颜色选择器：使用<input>元素，type="color"，用户可以选择喜欢的颜色。

出生年月日期选择器：使用<input>元素，type="date"，用户可以选择出生年月。

邮箱输入框：使用<input>元素，type="email"，用户可以输入邮箱地址。

上传简历文件选择器：使用<input> 元素，type="file"，用户可以上传文件。

重置和提交按钮：使用 <input>元素，分别为重置和提交按钮。

2. 样式代码

用户基本信息页面样式参考代码如下：

```
<style type="text/css">
    * {
        box-sizing: border-box;
        padding: 0;
        margin: 0;
    }
    #big {
        width: 800px;
        padding: 20px;
        margin: 20px auto;
        border: 1px solid #333;
        border-radius: 10px;
        box-shadow: -1px -1px 20px 2px #b7b7b7;
    }
    .top {
        font: 20px "arial black";
    }
    .form {
        margin-top: 15px;
    }
    .form span {
        display: inline-block;
        width: 100px;
    }
    .province {
        width: 100px;
    }
</style>
```

【代码解析】这段样式代码通过设置全局的盒模型以及针对特定元素的样式，对页面中的表单和内容进行了设计和布局。

*选择器：通过通配选择器设置全局的盒模型为border-box，确保元素的宽度和高度包括边框和内边距。

#big选择器：设置一个带有id为“big”的<div> 元素的样式，包括宽度800 px、内边距20 px、外边距、边框、圆角和阴影等。

.top选择器：设置类名为“top”的元素的样式，包括字体大小和字体。

.form选择器：设置类名为“form”的元素的样式，包括上边距。

.form span选择器：设置类名为“form”的元素中 <span> 元素的样式，设置为内联块级元素，并指定固定宽度，以保证文本占据宽度一致，使所有输入框左对齐。

.province 选择器：设置类名为“province”的元素的样式，指定固定宽度为100 px。

经验小贴士：

①每个表单字段都应该有明确的标签，指示用户应该输入什么信息。如果某个字段需要特定格式或信息，最好在标签旁边提供简明的说明或示例。这有助于用户明确理解所需的信息，减少填写错误。

②确保输入字段设置了适当的限制和验证规则。使用 HTML5 表单验证属性如 required、type、pattern，以及适当的最小值和最大值设置，以防止无效数据提交。这有助于提高数据质量和减少错误。

单元二　制作个人信息修改页面

5.2.1　其他表单控件

1. <datalist>控件

<datalist>标签是HTML5中的一个新元素，用于定义输入字段（通常是文本输入框）的预定义选项列表。它通常与<input>元素的list属性一起使用，以提供一组可能的选项供用户选择，从而改善用户体验并减少输入错误。具体语法如下：

```
<label for="city">选择城市：</label>
<input type="text" id="city" list="cities" name="city">
<datalist id="cities">
    <option value="北京">
    <option value="上海">
    <option value="广州">
    <option value="深圳">
    <option value="杭州">
</datalist>
```

在这个示例中，用户在输入城市名称时，浏览器会根据预定义的选项列表显示匹配的城市名称供选择。<datalist>元素内部包含一组<option>子元素，每个子元素定义一个预定义的选项。通过在 <input> 元素中使用list属性，并将其值设置为<datalist>元素的id，可以将输入字段与预定义选项列表关联起来。这提高了输入的准确性和速度，同时减少了用户输入错误的可能性。示例效果如图5-4所示。

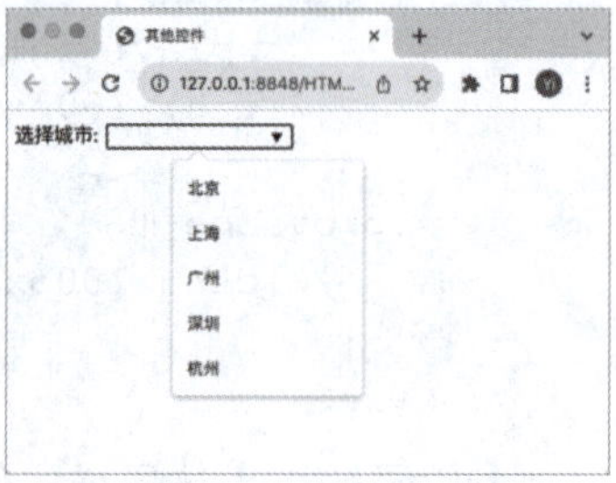

图 5-4　预定义选项列表

2. <output>输出控件

<output> 标签是HTML5中的一个元素，用于在表单中显示计算结果、用户输入的值，或者其他类型的输出。它通常用于在表单中展示不同类型的输出信息，如计算结果、用户选择的值等。

以下示例展示了如何使用<output>标签显示三个控件输入的三个数字的和，代码如下：

```
<form oninput="x.value=parseInt(a.value)+parseInt(b.value)+parseInt(c.value)">
    0<input type="range" id="a" value="50">100 +
    <input type="number" id="b" value="50">+
    <input type="number" id="c" value="10">=
    <output name="x" for="a b c"></output>
</form>
```

在一个<form>元素内部，使用oninput属性来定义一个实时的输入事件处理函数。这个函数会在输入值发生变化时触发。在这个表单中，有三个输入控件用于输入数值，以及一个<output> 元素用于显示计算结果。

第一个输入控件是一个滑动条<input type="range">，允许用户在0到100之间选择一个数值。第二个输入控件是一个数字输入框<input type="number">，用户可以手动输入一个数值。第三个输入控件同样是一个数字输入框，用户也可以手动输入一个数值。

在这些输入控件中的值发生变化时，通过oninput事件处理函数，JavaScript会将这些数值相加，并将结果赋值给一个名为x的输出控件。<output>元素的name属性与输出值关联，而for属性指定了与之相关联的输入控件，即在输入控件发生变化时，相应的输出也会更新。效果如图5-5所示。

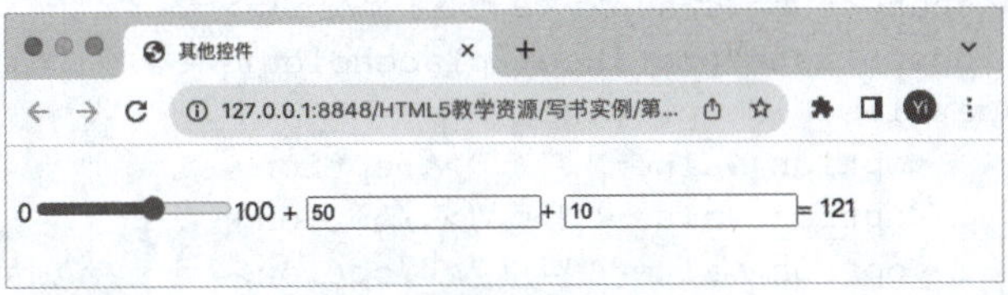

图 5-5　输出控件效果

视 频
其他表单控件示例

扫描侧边二维码观看其他表单控件示例讲解视频。

5.2.2　任务实践——制作个人信息修改页面

视 频
任务实践——制作个人信息修改页面

【任务背景】个人信息修改页面通常是一个用于允许用户更新其账户或个人信息的网页界面。这样的页面通常用于用户管理系统、社交媒体平台、电子商务网站等各种应用中。个人信息修改页面允许已登录用户更新其个人信息，包括基本资料、联系方式、密码等。该页面通常提供各种表单控件，供用户输入新的信息，并提供提交按钮来保存所做的更改。

【任务要求】本任务完成编辑个人信息页面的制作，页面包含用户名、职位、性别、所在地区、个人介绍以及兴趣爱好几部分。个人信息所有空间放置在页面中一个大的块中，水平居中，设置阴影效果凸显编辑内容区域。右上角设置一个“关闭”按钮，用于实现关闭编辑块，整体效果如图5-6所示。

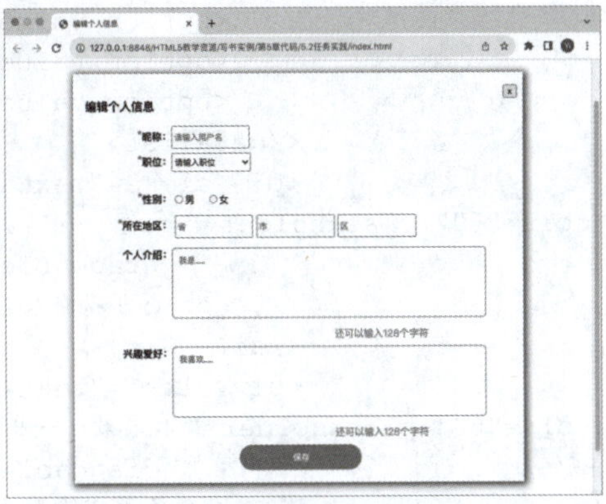

图 5-6　编辑个人信息页面的制作效果

【任务实施】

1. 结构代码

编辑个人信息页面的结构参考代码如下：

```
<body>
 <div id="big">
     <button type="button" class="close" onclick="shut()">x</button>
     <h3> 编辑个人信息 </h3>
     <form>
         <div><span><sup>*</sup> 昵称: </span><input type="text" name="" id=""
value="" placeholder=" 请输入用户名 " /></div>
         <div><span><sup>*</sup> 职位: </span><select name="">
                 <option value=""> 请输入职位 </option>
                 <option value=""> 产品经理 </option>
                 <option value=""> 后端开发工程师 </option>
                 <option value=""> 前端开发工程师 </option>
                 <option value=""> 测试工程师 </option>
             </select>
         </div>
         <div><span><sup>*</sup> 性别: </span><input type="radio" name="sex"
```

```
id=" 男 " value="" /><label
                    for="nan"> 男 </label><span class="space"></span><input
type="radio" name="sex" id="nv"
                    value="" /><label for="nv"> 女 </label></div>
            <div><span><sup>*</sup> 所在地区: </span>
                <input list="province" placeholder=" 省 " />
                <datalist id="province">
                    <option value=" 广东 "></option>
                    <option value=" 广西 "></option>
                    <option value=" 四川 "></option>
                    <option value=" 重庆 "></option>
                </datalist>
                <input list="city" placeholder=" 市 " />
                <datalist id="city">
                    <option value=" 广州 "></option>
                    <option value=" 南宁 "></option>
                    <option value=" 成都 "></option>
                    <option value=" 重庆 "></option>
                </datalist>
                <input list="area" placeholder=" 区 " />
                <datalist id="area">
                    <option value=" 天河区 "></option>
                    <option value=" 西城区 "></option>
                    <option value=" 天府区 "></option>
                    <option value=" 渝中区 "></option>
                </datalist>
                <div class="textarea"><span> 个人介绍: </span><textarea rows="6"
cols="60" placeholder=" 我是……"
                        draggable="true"></textarea>
                    <p> 还可以输入 128 个字符 </p>
                </div>
                <div class="textarea"><span> 兴趣爱好: </span><textarea rows="6"
cols="60" placeholder=" 我喜欢……"
                        draggable="true"></textarea>
                  . <p> 还可以输入 128 个字符 </p>
                </div>
            </div>
            <div id="bt"><input type="button" name="save" id="save" value=" 保
存 " /></div>
        </form>
    </div>
  </body>
```

【代码解析】该页面主要包含以下内容：

页面结构：页面整体使用一个 id为“big”的<div>元素进行包裹，包含了编辑个人信息的表单。

关闭按钮：使用一个按钮（class="close"）允许用户关闭页面，按钮上显示“x”。

标题：使用<h3>元素展示“编辑个人信息”标题。

表单字段如下：

昵称：使用<input>元素，type为“text”，并带有占位符“请输入用户名”。

职位：使用<select>元素提供职位选项，使用多个<option>元素表示各个职位。

性别：使用两个<input>元素，type为“radio”，分别表示“男”和“女”，每个后面都有对应的<label>元素。

所在地区：使用三个<input>元素，分别是省、市、区的输入框，使用<datalist>元素提供关联选项。

个人介绍和兴趣爱好：使用<textarea>元素分别提供多行文本输入，还包括一个提示字符数限制的<p>元素。

保存按钮：使用一个id为“save”按钮用于提交表单数据，按钮上显示“保存”。

2. 样式代码

编辑个人信息页面的样式参考代码如下：

```
<style type="text/css">
    #big {position:relative; width:700px; padding:20px; margin:100px auto;
box-shadow:2px 2px 10px 2px #454441;}
    #big button {position:absolute; right:10px;}
    #big sup {color:red;}
    /* 文字标题样式 */
    #big span {display:inline-block; width:140px; height:40px; font-weight:
bold;text-align:right;}
    /* 选择属性 type，值为 text 的 input 控件 */
    #big input[type="text"] {width:120px; height:30px;}
    #big select {width:130px; height:30px;}
    /* list 的样式 */
    #big input[list] {width:120px; height:30px;}
    /* 让男女单选间隔 20 像素空间 */
    #big .space {width:20px;}
    #big textarea {padding:10px; resize:none; border-color:#717171; border-
radius:6px; margin-top:10px;}
    /* 左侧文本顶部对齐 */
    #big .textarea span {vertical-align:top;}
    #big .textarea p {padding-right:140px; line-height:.5em; color:#949494;
text-align:right;}
    #save {width:200px; height:40px; color:white; background-color:#4892f4;
border:0; border-radius:30px;}
    #bt {width:100%; text-align:center;}
</style>
```

【代码解析】以上样式代码用于美化个人信息编辑页面。

#big：设置整体大容器的样式，包括宽度、内边距、居中布局以及阴影效果，相对定位。

#big button：对页面中按钮的样式进行调整，使其固定位置在右上角。

#big sup：为某些文字添加红色的上标，可能表示必填字段。

#big span：设置文本标题的样式，使用 display: inline-block；创建固定宽度的块级元素。

#big input[type="text"]：针对type属性值为“text”的输入框设置样式，包括固定宽度和高度。

#big select：设置下拉选择框的样式，定义固定的宽度和高度。

#big input[list]：设置带有list属性的输入框（用于自动完成）的样式。

#big .space：设置“男”“女”单选按钮之间的空隙宽度。

#big textarea：设置多行文本框的样式，包括内边距、边框、圆角以及阴影，上边距。

#big .textarea span：设置多行文本框左侧标题的垂直对齐方式为顶部对齐。

#big .textarea p：为多行文本框下方的提示文字设置样式，包括右边边距、行高和颜色。

#save：设置“保存”按钮的样式，包括宽度、高度、颜色和背景色。

#bt：设置按钮容器的样式，使按钮在容器内居中对齐。

3. 脚本代码

用于关闭编辑窗口的脚本代码如下：

```
<script type="text/javascript">
    function shut() {
        document.getElementById('big').style.display='none'
    }
</script>
```

当调用shut()函数时，它会获取id为“big”的元素，并将该元素的显示方式设置为不可见，从而实现隐藏窗口。

经验小贴士：

① <datalist> 的选项应该是简洁的提示，用于帮助用户选择，不适合放置过于复杂或详细的信息。

② placeholder 属性是提供简要提示的有用工具，但在使用时需要注意清晰度、颜色对比度、无障碍性和兼容性，以确保用户在填写表单时获得良好的体验。

单元三　制作用户注册页面

5.3.1　正则表达式

正则表达式（regular expression，简称 Regex 或 Regexp）是一种用于匹配和操作字符串模式的工具。它是由一系列字符和特殊字符组成的模式，用于在文本中进行搜索、匹配、替换和提取等操作。例如在正则表达式中，字符“a”可以用来匹配文本字符串中的“a”，而字符“.”可以用来匹配任意单个字符。正则表达式在文本处理、字符串验证、数据提取等场景中非常有用。常见的正则表达式语法见表5-3。

视频　制作用户注册页面

表 5-3　正则表达式语法表

语法元素	描　述	示　例
普通字符	匹配字符本身	abc 匹配 "abc"
元字符	具有特殊含义的字符	\., \w, \d
字符类	匹配方括号内的任意字符	[aeiou] 匹配元音字母
范围	定义字符类的范围	[a-z] 匹配小写字母
预定义字符类	预定义的字符类	\d, \w, \s
量词	指定匹配次数	a*, b+, c?, d{3,5}
选择符	在两个模式中选择一个	a|b 表示匹配“a”或“b”
分组	将模式组合在一起，并应用操作	(abc)* 表示匹配任意次 abc

续表

语法元素	描　述	示　例
转义字符	转义元字符或赋予普通字符特殊意义	\. 表示匹配实际的“.”，而不是任意字符
边界匹配	匹配字符串的边界	^ 表示字符串的开头，$ 表示字符串的结尾，\b 表示单词边界
预查	预先判断位置是否满足条件	(?=pattern) 表示正向肯定预查，(?!pattern) 表示正向否定预查

在正则表达式中，元字符是具有特殊含义的字符，它们不仅表示它们本身的字面意义，还用于定义模式匹配的规则。元字符在正则表达式中起到了非常重要的作用，用于匹配、定位、重复和操作文本中的字符。正则表达式中元字符的规则详细描述见表5-4。

表 5-4　元字符匹配规则

元字符	含　义
.	匹配除换行符外的任意字符
\d	匹配任意数字字符（0～9）
\D	匹配任意非数字字符
\w	匹配任意字母、数字、下划线字符（A～Z，a-z，0～9）
\W	匹配任意非字母、数字、下划线字符
\s	匹配任意空白字符（空格、制表符、换行等）
\S	匹配任意非空白字符
\b	匹配单词的边界
\B	匹配非单词的边界
^	匹配字符串的开始
$	匹配字符串的结束
[]	字符类，匹配方括号内的任意字符
[^]	反向字符类，匹配不在方括号内的任意字符，如 [^0-9] 匹配非数字字符
()	分组，将模式组合在一起，并应用操作
?	匹配前面的元素零次或一次
*	匹配前面的元素零次或多次
+	匹配前面的元素一次或多次
{n}	匹配前面的元素恰好 n 次
{n,}	匹配前面的元素至少 n 次
{n,m}	匹配前面的元素至少 n 次，但不超过 m 次

元字符是构建正则表达式的基础，用于构建正则表达式。正则表达式示例见表5-5。

表 5-5　正则表达式示例

要　求	正则表达式	示　例
匹配电子邮件地址	^[\w\.-]+@[\w\.-]+\.\w+$	john@example.com
匹配任意手机号码	^\d{11}$	12345678901
匹配日期格式	\d{4}-\d{2}-\d{2}	2023-08-09
匹配 URL	(http|https)://[\w\.-]+	https://www.example.com
匹配中文字符	[\u4e00-\u9fa5]	你好，世界
匹配 6 位邮政编码	\d{6}	123456
匹配英文句子中的单词	\b\w+\b	Hello, world!

视频

正则表达式示例

扫描侧边二维码观看正则表达式示例讲解视频。

5.3.2　任务实践——制作用户注册页面

【任务背景】用户注册页面表单验证是保障用户数据的有效性、合法性和安全性的关键步骤。用户注册页面表单验证是在网站或应用中的注册页面上，用于确保用户提供的信息符合特定规则和格式的过程。通过验证用户输入的数据，可以防止无效或恶意的数据被提交，提高数据的准确性和安全性。

【任务要求】本任务实现对用户注册页面中六个表单的验证，包括要求昵称是8位；使用正确邮箱格式；密码为6～16位的字符数字下划线；年龄为0～150岁；手机号为11位，首位为1，第二位非0和2。任何一个表单当正确输入时显示绿色“√”标识，输入错误显示红色“！”标识，整体效果如图5-7所示。

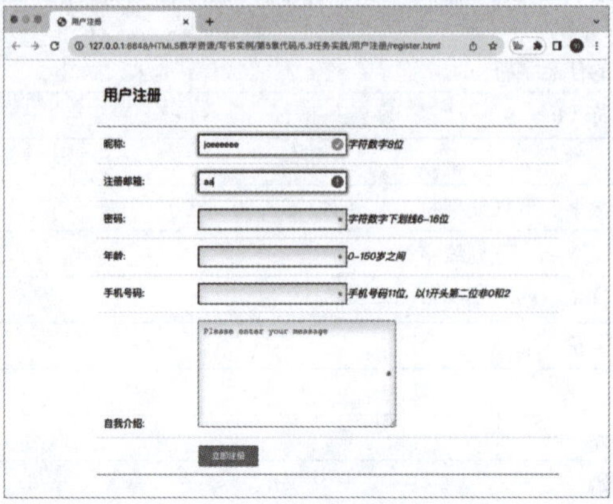

图 5-7　用户注册表单页面效果

视　频

任务实践——制作用户注册页面

【任务实施】

1. 结构代码

用户注册表单页面的结构参考代码如下：

```
<div>
     <form class="contact_form" action="#" method="post">
          <ul>
               <li class="usually">
                    <h2> 用户注册 </h2>
               </li>
               <li class="usually">
                    <span> 昵称 :</span>
          <input type="text" id="name" name="name" autocomplete="off" required
pattern="^[a-zA-Z0-9]{8}$" /><i> 字符数字 8 位 </i>
               </li>
               <li class="usually">
                    <span> 注册邮箱 :</span>
                    <input type="email" name="email" autocomplete="off" pla-
ceholder= "joe@example.com" required />
               </li>
               <li class="usually">
                    <span> 密码 :</span>
                    <input type="password" name="password" required pattern= "^\
w{6,16}$"/>
```

```
                <i>字符数字下划线 6-16 位</i>
                </li>
                <li class="usually">
                    <span>年龄:</span>
                <input type="number" name="age" required max="150" /><i>0-150 岁
之间</i>
                </li>
                  <li class="usually">
                  <span>手机号码:</span>
                       <input type="text" name="tel" required pattern="^1[3-9]
[0-9]{9}$" /><i>手机号码 11 位，以 1 开头第二位非 0 和 2</i>
                  </li>
                  <li class="usually">
                      <span>自我介绍:</span>
                      <textarea rows="10" cols="200" name="introduction" placeholder=
"Please enter your message" class="message"required></textarea>
                  </li>
                  <li>
                      <input class="submit" type="submit" value="立即注册" />
                         </li>
                      </ul>
                  </form>
   </div>
```

【代码解析】在form中定义了六个表单控件，用pattern属性为各个控件设置了正则表达式，实现对表单的验证。用于昵称表单的正则为：^[a-zA-Z0-9]{8}$；密码表单的正则为“：^\w{6,16}$；手机号码表单的正则为：^1[3-9][0-9]{9}$。

2. 样式代码

用户注册表单页面的样式参考代码如下：

```
   <style type="text/css">
       .contact_form{width:70%; margin:0 auto;}
       .contact_form ul{width:750px; padding:0; margin:0; list-style:none;/
* 清除默认样式 */}
       .contact_form li{padding:12px; border-bottom:1px solid #eee;}
       /* 给类名为 contact_form 的元素的第一个子元素 li 和最后一个子元素 li 加底部边框 */
       .contact_form li:first-child,
       .contact_form li:last-child{border-bottom:1px solid #777;}
       .contact_form span{display:inline-block; width:150px;/* 把块级元素强制转
换为行内元素 */}
       /* 给类名为 usually 的元素下的 input 标签定义宽高和内边距 */
       .usually input{width:220px; height:20px; padding:5px 8px;}
       /* 该元素获得焦点时，不出现虚线框（或高亮框） */
       *:focus{outline:none;}
       /* 给类名为 usually 的元素下的 input 和 textarea 标签设置背景图片、内阴影和边框圆角
*/
       .usually input,
       .usually textarea{background:url(./images/attention.png) no-repeat 98%
center; border-radius:2px; box-shadow:0 10px 15px #eee
           inset;}
       .contact_form textarea{width:300px; padding:8px;}
```

```
        /* 当该元素获得焦点时，设置背景颜色为白色 */
        .usually input:focus,
        .usually textarea:focus{background:#ff2e27;}
        /* 设置按钮的样式 */
        input[type=submit]{padding:6px 20px; margin-left:156px; color:white;
text-align:center; background-color:#68b12f; border:1px solid #509111; border-
radius:3px; /* 内边距：上下 6px、左右 20px，文本对齐方式：水平居中 */}
        /* 当鼠标悬停在提交按钮时，该按钮背景颜色透明度为 0.85，光标变成小手 */
        input[type=submit]:hover{cursor:pointer; opacity:.85;}
        /* 当该元素获得焦点填写内容无效时，设置警告背景图片 */
        .usually input:focus:invalid,
        .usually textarea:focus:invalid{background:url(./images/warn.png) no-
repeat 98% center; box-shadow:0 0 5px #d45252;}
        /* 当该元素获取有效的填写内容时，设置正确背景图片 */
        .usually input:required:valid,
        .usually textarea:required:valid{background:url(./images/right.png)
no-repeat 98% center; box-shadow:0 0 5px #5cd053;}
    </style>
```

【代码解析】这段样式代码用于美化用户注册表单，增加交互性和视觉效果。

.contact_form类样式：用于设置表单的宽度为70%，实现居中对齐。

.contact_form ul类样式：用于定义无序列表的宽度、内边距和外边距，同时移除默认列表样式。

.contact_form l 类样式：用于设置每个列表项的内边距和底部边框。

.contact_form li:first-chil和.contact_form li:last-child类样式：分别给表单第一个和最后一个列表项添加底部边框，以视觉上区分不同字段。

.contact_form span类样式：将每个字段前的标签<span>转换为行内块元素，并设置固定宽度。

.usually input类样式：用于设置类名为“usually”下的输入框的宽度、高度和内边距。

*:focus选择器：取消了所有元素的焦点虚线框。

.usually input和.usually textarea类样式：给输入框和多行文本框添加背景图片、内阴影和圆角边框，以增强视觉效果。

.contact_form textarea类样式：用于设置多行文本框的宽度和内边距。

.usually input:focus和.usually textarea:focus类样式：在元素获得焦点时，更改背景颜色。

input[type=submit]类样式：定义提交按钮的样式，设置了内边距、颜色、文本对齐、背景颜色和边框。

input[type=submit]:hover类样式：用于设置鼠标悬停在提交按钮时的效果。

.usually input:focus:invalid和.usually textarea:focus:invalid类样式：在输入内容无效时，更改背景图片和边框颜色，以提示用户输入有误。

素养园地

警惕Web表单风险，提高网络安全意识

Web 表单存在许多安全风险，以下是一些常见的 Web 表单安全风险。

①跨站点脚本攻击（cross-site scripting, XSS）：用户输入未经适当转义的数据可能会在页面上执行恶意脚本，导致攻击者能够窃取用户信息、会话令牌等敏感信息，甚至劫持用户会话。

②SQL 注入：如果表单数据未经适当过滤和转义就被用于构建 SQL 查询，攻击者可以通过构造恶意输入来执行恶意 SQL 查询，可能导致数据库泄露、数据损坏等问题。

③跨站点请求伪造（cross-site request forgery, CSRF）：攻击者可以诱使用户执行未经许可的操作，通过在其他网站上注入恶意表单或链接，利用用户的已登录会话进行操作，如更改密码、发送付款等。

④上传漏洞：如果表单允许用户上传文件而未对上传的文件进行充分验证和处理，攻击者可以上传恶意文件，可能导致服务器被入侵、恶意文件传播等。

⑤未经授权的访问：如果表单缺乏适当的身份验证和授权机制，攻击者可以通过提交恶意数据或越权访问表单来执行未经授权的操作。

⑥敏感信息泄露：用户输入的敏感信息（如密码、信用卡号等）在传输过程中未经适当加密，可能导致信息被窃取。

⑦不安全的数据存储：如果表单数据存储在不安全的位置，攻击者可能能够访问、修改或删除这些数据。

⑧拒绝服务攻击（DoS）：攻击者可以通过提交大量请求或恶意数据导致服务器负载过重，使其无法正常处理其他合法请求。

为了减少这些安全风险，开发人员应采取一系列安全措施，包括对输入数据进行验证和转义、使用参数化查询来防止 SQL 注入、实施强大的身份验证和授权机制、对上传的文件进行严格的处理和验证、实施加密传输、使用安全编码实践等。同时，定期进行安全审计和漏洞扫描，保持应用程序的安全性。

经验小贴士：

①可使用在线正则表达式测试工具（如 regex101、RegExr 等）来验证表达式是否匹配预期。

②默认情况下，正则表达式匹配是贪婪的，会尽可能多地匹配。使用?使匹配变为非贪婪模式。

③表单验证时，前端验证可以提供实时反馈，但不可完全信赖。始终在后端进行验证，以防止绕过前端验证或恶意提交数据。

小　结

本模块介绍了Web表单的制作，涵盖表单的基本结构、常用表单控件、CSS样式应用、表单验证及JavaScript交互功能。

常用表单控件包括文本框、密码框、单选按钮、复选框、下拉列表等，通过用户基本信息表单案例，展示了综合使用这些控件的方法。在样式设计方面，通过个人信息修改页面案例，展示了通过CSS布局和样式设计使表单界面更加美观和易于使用的方法。介绍了HTML5中的新表单控件，如<datalist>和<output>，并通过案例展示其应用场景。在表单验证方面，通过用户注册表单案例，展示了通过正则表达式对昵称、邮箱、密码、年龄、手机号等字段进行验证，并为用户提供实时反馈的方法。最后，介绍了如何使用JavaScript为表单添加交互功能，如动态显示/隐藏字段、条件验证等，并通过案例展示了通过CSS过渡和动画增强用户交互感的方法。本模块通过多个实际案例，帮助读者全面掌握Web表单的设计与实现，提升网页的交互性和用户体验。

习　题　5

一、单项选择器

1. 在form表单中，（　　）类型是滑块控件。

A. Search　　B. controls　　C. slider　　D. range

2. HTML中的（　　）属性用于限制输入框的最大字符数。

Maxlength　　B. maxchars　　C. limit　　D. size

3. 正则表达式中，（　　）元字符用于匹配任意字母、数字或下划线。

A. \w　　B. \d　　C. \s　　D. \b

4. 正则表达式中，（　　）元字符用于匹配一个或多个空格字符。

A. *　　B. +　　C. ?　　D. \s

5. 在HTML5中，（　　）属性用于创建必填字段。

A. Required　　B. optional　　C. readonly　　D. disabled

二、多项选择题

1. 在HTML5 中新增的input类型包括（　　）。

A. email　　B. video　　C. url　　D. range

2. 在HTML表单中，（　　）标签用于创建下拉选择框（下拉菜单）。

A. <input>　　B. <select>　　C. <option>　　D. <dropdown>

3. 正则表达式中，（　　）元字符用于匹配一个或多个空格字符。

A. *　　B. +　　C. ?　　D. \s

4. HTML中的（　　）标签的类型创建是正确的。

A. <input type="text">　　B. <input type="select">

C. <input type="radio">　　D. <input type="submit">

5. 在HTML5中，（　　）属性可用于创建文本输入区域。

A. <input type="text">　　B. <textarea>

C. <input type="textarea">　　D. <text>

三、判断题

1. <select>元素用于创建单选按钮。（　　）

2. 正则表达式中，元字符\d可以用于匹配任意数字字符。（　　）

3. 在正则表达式中，修饰符i用于进行全局匹配。（　　）

4. HTML表单中<input>元素的required属性可以用于指定必填字段。（　　）

5. 正则表达式中，量词{}用于匹配前一个元素零次或一次。（　　）

模块六 富媒体标签

学习目标

◎熟悉<audio>和<video>标签的功能以及相关属性的作用；
◎掌握使用<audio>标签和<video>标签，设置媒体文件的源、控制播放、暂停、音量控制等；
◎了解JavaScript的功能作用及基本语法；
◎理解<canvas>和SVG的功能作用及优势；
◎掌握<canvas>和SVG绘制基本图形；
◎掌握使用CSS样式控制<canvas>图形和SVG图形的样式。

单元一　制作 TOP10 音乐榜

6.1.1　音频标签

<audio>标签是HTML中用于嵌入音频文件的元素。通过该标签，可以在网页中播放音频文件，如音乐、声音效果等。<audio>标签用法示例代码如下：

```
<audio controls>
    <source src="audio.mp3" loop autoplay preload="auto" type="audio/mpeg">
    您的浏览器不支持该音频类型
</audio>
```

<audio>标签的常用属性如下：

controls：显示音频控制器，如播放、暂停、音量控制等。

autoplay：自动播放音频。

loop：循环播放音频。

preload：指定在页面加载时是否预加载音频，可选值有none、metadata、auto。

<audio>标签内部可以使用<source>标签指定音频源文件，允许提供不同格式的音频文件以支持不同浏览器。示例代码如下：

```
<div>
    <h2> 默认播放控件 </h2>
    <audio src="music/bj.mp3" controls></audio>
    <audio id="sjmh" controls>
        <source src="music/bj.mp3" type="audio/mpeg">
        <source src="music/bj.wav" type="audio/wav">
        <source src="music/bj.ogg" type="audio/ogg">
    </audio>
</div>
```

【代码解析】第一个<audio>标签使用src属性指定音频文件的路径为“music/bj.mp3”。添加了controls属性，以显示默认的音频播放控件，但缺少<source>标签，浏览器无法选择支持的格式。第二个<audio>标签使用了多个<source>标签来指定不同格式的音频文件，以提高兼容性。代码中分别提供了MP3、WAV和OGG格式的音频文件，浏览器会尝试按照<source>标签的顺序来选择支持的格式进行播放。音频标签默认播放控件示例效果如图6-1所示。

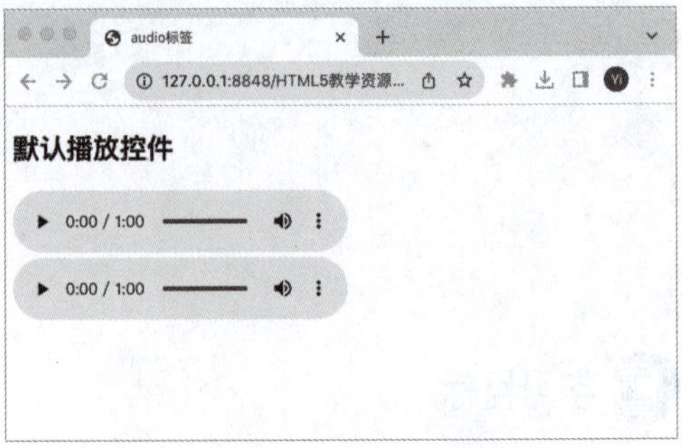

图 6-1　音频标签默认播放控件效果

6.1.2　任务实践——制作TOP10音乐排行榜

【任务背景】音乐网站通常都会设计一个排行榜，用于展示每周的歌曲排行情况。本任务综合了页面布局、CSS样式设置以及JavaScript的基本应用。通过<audio>标签引入音频源，利用JavaScript结合CSS对引入的音频进行控制，制作可以播放的音乐排行榜。

【任务要求】使用HTML和CSS创建页面布局和样式，展示TOP10音乐排行榜。当鼠标指针移动到任意一首音乐上时，在右侧出现“播放”按钮，当鼠标指针移出时隐藏“播放”按钮。用JavaScript实现音乐播放的切换，使用Font Awesome库实现播放图标加载，实现自定义的音乐播放和暂停控件。整体页面效果如图6-2所示。

图 6-2　TOP10 音乐排行榜页面效果

【任务实施】

1. 结构代码

TOP10音乐排行榜页面的结构参考代码如下：

```
<div id="big">
<audio id="m1">
    <source src="music/a4.mp3" type="audio/mp3">
```

```
    </audio>
    <audio id="m2">
        <source src="music/a5.mp3" type="audio/mp3">
    </audio>
    <audio id="m3">
        <source src="music/a6.mp3" type="audio/mp3">
    </audio>
    <audio id="m4">
        <source src="music/a7.mp3" type="audio/mp3">
    </audio>
    <audio id="m5">
        <source src="music/a8.mp3" type="audio/mp3">
    </audio>
    <audio id="m6">
        <source src="music/a9.mp3" type="audio/mp3">
    </audio>
    <audio id="m7">
        <source src="music/b1.mp3" type="audio/mp3">
    </audio>
    <audio id="m8">
        <source src="music/b2.mp3" type="audio/mp3">
    </audio>
    <audio id="m9">
        <source src="music/b3.mp3" type="audio/mp3">
    </audio>
    <audio id="m10">
        <source src="music/b4.mp3" type="audio/mp3">
    </audio>
    <h3>TOP10 音乐排行榜 </h3>
    <ol>
        <li> 天外来物 <button onclick="togglePlayPause(m1)"><i class="fa fa-play-
circle-o"></i> </button></li>
        <li> 我好像在哪见过你 <button onclick="togglePlayPause(m2)"><i class="fa
fa-play-circle-o"></i> </button></li>
        <li> 演员 <button onclick="togglePlayPause(m3)"><i class="fa fa-play-
circle-o"></i> </button></li>
        <li> 丑八怪 <button onclick="togglePlayPause(m4)"><i class="fa fa-play-
circle-o"></i> </button></li>
        <li> 动物世界 <button onclick="togglePlayPause(m5)"><i class="fa fa-play-
circle-o"></i> </button></li>
        <li> 你还要我怎样 <button onclick="togglePlayPause(m6)"><i class="fa fa-
play-circle-o"></i></button></li>
        <li> 绅士 <button onclick="togglePlayPause(m7)"><i class="fa fa-play-
circle-o"></i> </button></li>
        <li> 意外 <button onclick="togglePlayPause(m8)"><i class="fa fa-play-
circle-o"></i> </button></li>
        <li> 刚刚好 <button onclick="togglePlayPause(m9)"><i class="fa fa-play-
circle-o"></i> </button></li>
        <li> 认真的雪 <button onclick="togglePlayPause(m10)"><i class="fa fa-
play-circle-o"> </i></button></li>
     </ol>
     </div>
```

【代码解析】使用<audio>标签定义了多个音频元素，每个元素通过<source>标签指定了音频文件的路径和类型。在一个有序列表<ol>中列出了排行榜的音乐。每首歌曲都放置在一个列表项<li>中。每个列表项都包括歌曲名称和一个带有Font Awesome图标的播放按钮。这些按钮通过调用JavaScript函数togglePlayPause()来实现播放/暂停功能。对于每个播放按钮，都使用了<i>元素添加了Font Awesome库的图标类“fa fa-play-circle-o”，这是一个圆圈内带有播放三角的图标。

2. 样式代码

TOP10音乐排行榜页面的样式参考代码如下：

```
    <link rel="stylesheet" href="https://cdn.staticfile.org/font-awesome/4.7.0/
css/font-awesome.css">
    <style type="text/css">
        * {padding:0; margin:0;}
        #big {width:300px; height:450px; border:1px solid #ccc; margin:100px auto;
background-color:#EEEEEE; padding:20px;}
        #big h3 {margin-bottom:10px;}
        #big li {height:40px; line-height:40px; list-style-position:inside;
padding-left:10px; padding-left:10px; width:300px;}
        #big li:nth-child(odd) {background-color:#e2e2e2;}
        #big button {background:none; border:none; font-size:20px; color:#979797;
display:none; float:right; margin:10px;}
        #big li:hover button {display:inline-block;}
    </style>
```

【代码解析】以上样式代码实现了对音乐排行榜的美化。首先，通过外部链接引入的方式引入Font Awesome库。使用“*”选择器将所有元素的内外边距设为0，实现了重置默认样式。外层的“#big”元素应用了一些样式，包括宽度、高度、边框、居中定位、背景颜色和内边距。设置<li>元素的高度、行高、内边距和宽度，以及将列表标志（默认的小圆点）放在内容内部。

使用“:nth-child(odd)”选择器为奇数位置的<li>元素设置了背景颜色，实现了交替行背景色。button元素的样式设置了背景、边框、字体大小、颜色和浮动等属性，使按钮默认不可见，只有在<li>元素上悬停时才显示。

3. 脚本代码

控制音乐播放暂停切换的脚本代码如下：

```
    <script type="text/javascript">
        var m1=document.getElementById('m1')
        var m2=document.getElementById('m2')
        var m3=document.getElementById('m3')
        var m4=document.getElementById('m4')
        var m5=document.getElementById('m5')
        var m6=document.getElementById('m6')
        var m7=document.getElementById('m7')
        var m8=document.getElementById('m8')
        var m9=document.getElementById('m9')
        var m10=document.getElementById('m10')
        // 暂停切换方法函数定义
```

```
    function togglePlayPause(a) {
        if (a.paused || a.ended) {
            a.play()
        } else {
            a.paused()
        }
    }
</script>
```

【代码解析】使用document.getElementById()方法获取audio元素的引用，分别为m1到m10。定义一个名为togglePlayPause的函数，用于切换音乐的播放和暂停状态。在该函数中，通过判断音乐是否已暂停或已结束来决定是否调用play()方法播放音乐，或调用pause()方法暂停音乐。通过在<button>元素的点击事件中调用togglePlayPause()函数，实现按钮点击切换音乐的播放和暂停状态。

视 频

音乐的播放和暂停示例

扫描侧边二维码观看音乐的播放和暂停的示例讲解视频。

经验小贴士：

①音频标签<audio>：具有多种状态，用于监控音频的播放、暂停等状态以及获取有关音频的信息。例如，paused（表示音频是否处于暂停状态）、ended（表示音频是否已经播放完毕）、duration（表示音频的总时长）、currentTime（表示当前播放的时间位置）、volume（表示音频的音量，范围从0.0到1.0，0.0表示静音）。

②<audio>标签：提供了一些方法，用于控制音频的播放、暂停以及获取音频的信息。play()方法启动播放音频；pause()方法暂停音频的播放；load()方法重新加载音频；canPlayType(type)方法用于检查浏览器是否可以播放指定类型的音频，它接受一个MIME类型字符串作为参数，并返回"probably"、"maybe"或""来表示浏览器是否支持该类型。

③Font Awesome：是一个流行的图标字体库，用于在网站中添加矢量图标。可以通过两种方式引入，其一是通过CDN外部链接方式引入，其二是下载相应版本文件到本地，从本地引入。

单元二　制作视频播放器

6.2.1　视频标签

<video>标签是HTML5提供的用于在网页中嵌入视频的元素。它允许通过简单的HTML代码嵌入视频内容，而无须使用插件或其他外部工具。语法格式如下：

```
<video src="video.mp4" controls></video>
```

在基本的<video>标签中使用src属性指定视频文件的URL，并使用controls属性添加播放控制按钮。<video>标签可以使用不同的视频格式，以便在不同浏览器和设备上播放。常见的视频格式包括MP4、WebM和Ogg。

<video>标签支持以下属性：

src：指定要播放的视频文件的URL。

controls：显示播放器的控制条，如播放、暂停、音量控制等。

autoplay：自动播放视频。

loop：循环播放视频。

muted：静音播放视频。

poster：指定视频封面图片的URL，显示在视频未播放时。

width和height：指定视频的宽度和高度。

<video>标签可以包含<source>子元素，用于提供不同格式的视频文件，以便浏览器根据支持情况选择最合适的格式进行播放。示例代码如下：

```
<video controls>
    <source src="video.mp4" type="video/mp4">
    <source src="video.webm" type="video/webm">
    <p> 您的浏览器不支持以上格式 </p>
</video>
```

与<audio>标签类似，<video>标签提供了一些JavaScript事件和方法，使开发者能够通过脚本来控制视频播放、暂停、音量等。可以使用play()、pause()、currentTime等属性和方法来操作视频播放状态。

6.2.2　任务实践——制作视频播放器

【任务背景】随着网络技术的发展，视频已成为互联网中随处可见的网络元素，它经常被嵌入网页中。用户可以通过播放控件中的播放、拖动、下载、音量调节等按钮控件来操作视频资源，也可以自定义控制条，来实现视频的个性化展示。本任务实现在页面中插入视频“大国青年什么样？这就是答案”，并设计控制条来控制视频。

【任务要求】视频控制条左侧设计“播放”按钮，实现播放与暂停的切换，右侧设置“放大”按钮，实现放大和缩小的切换。当鼠标指针移入视频区域时，显示控制条，当鼠标指针移出视频区域时，隐藏控制条。视频播放器的控制条效果如图6-3所示。

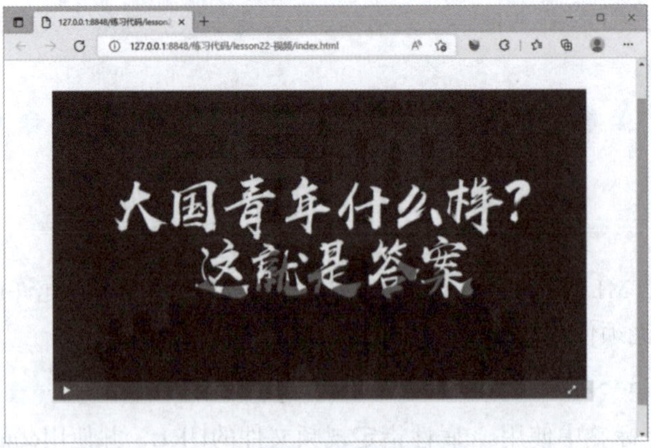

图 6-3　视频播放器控制条效果

视频

视频的播放

【任务实施】

1. 结构代码

视频播放器控制条的结构参考代码如下：

```
<div id="big">
    <video width="800" height="" id="dgqn">
```

```
            <source src="video/ 大国青年.mp4" type="video/mp4">
            当前浏览器不支持 video 直接播放，点击这里下载视频：<a href="myvideo.
webm"> 下载视频 </a>
        </video>
        <div id="bottom">
            <button id="playPause" onclick="bf()"><i class="fa fa-play"></i></
button>
            <button id="fangda" onclick="scale()"><i class="fa fa-expand"></i>
</button>
        </div>
    </div>
```

【代码解析】将<video>标签包裹在id为“big”的容器中，通过<source>子元素指定了视频文件的来源和格式。如果浏览器不支持直接播放视频，会显示一个消息并提供下载链接。

在id为“bottom”的容器中，结合Font Awesome图标定义了两个按钮，并绑定了bf()和scale()函数，用于控制视频的播放和缩放。

2. 样式代码

视频播放器控制条的样式参考代码如下：

```
    <link rel="stylesheet" href="https://cdn.staticfile.org/font-awesome/4.7.0/
css/font-awesome.css">
    <style type="text/css">
        #big {width:800px; margin:100px auto; position:relative;}
        #big i {color:white;}
        /* 控制条样式 */
        #bottom {position:absolute; bottom:0px; width:100%; display:none; padding-
left:10px; height:30px;}
        #bottom button {cursor:pointer; background:none; border:none;}
        #fangda {position:absolute; right:20px; top:5px;}
        /* 鼠标移入显示控制条 */
        #big:hover #bottom {background:rgba(228,227,222,0.3); display:block;}
    </style>
```

【代码解析】先用<link>标签引入Font Awesome图标库，定义元素的样式。

#big样式：设置视频播放器容器的宽度、外边距和相对定位。

#big i样式：将Font Awesome图标的颜色设置为白色。

#bottom样式：设置控制条容器的定位、底部距离、宽度、高度和初始隐藏。控制条按钮有一些样式定义，如鼠标样式、背景等。

#fangda样式：设置“放大”按钮的定位，使其位于播放器右上角。

#big:hover #bottom样式：当鼠标悬停在播放器上时，显示控制条，设置控制条的背景透明度和显示方式。

3. 脚本代码

控制视频的脚本参考代码如下：

```
    <script type="text/javascript">
        var myVideo = document.getElementById("dgqn");
        var big = document.getElementById('big');
        // 播放函数
```

```
    function bf() {
        var ppButton = document.getElementById("playPause");
        if(myVideo.paused) {
            myVideo.play();
            ppButton.innerHTML = "<i class='fa fa-pause'></i>";
        } else {
        myVideo.pause();
        ppButton.innerHTML = "<i class='fa fa-play'></i>";
        }
    }
    // scale 放大屏幕
    function scale() {
        var fangDa = document.getElementById('fangda')
        if(big.style.width == "800px") {
            myVideo.style.width = '1000px';
            big.style.width = "1000px";
            fangDa.innerHTML = "<i class='fa fa-compress'></i>"
        } else {
            myVideo.style.width = '800px';
            big.style.width = "800px";
            fangDa.innerHTML = "<i class='fa fa-expand'></i>"
        }
    }
</script>
```

【代码解析】bf()函数实现播放和暂停功能。在bf()函数中，根据视频的播放状态使用paused属性来判断视频是要播放还是暂停。如果视频是暂停状态，就调用play()方法来播放视频，并更新播放按钮的图标。如果视频正在播放，就调用pause()方法来暂停视频，并更新按钮图标。

scale()函数实现屏幕放大和缩小功能。在scale()函数中，通过判断容器元素的宽度来实现视频的放大和缩小。如果容器宽度为800 px，则将视频宽度和容器宽度都设置为1 000 px，同时更新按钮图标为收缩状态。

素养园地

中国青年好榜样——“90后”客运员的使命担当

榜样的主角是坚守铁路一线的“90 后”客运员——马丛。青春的红色、热烈、温暖、无畏是在点滴中书写担当、在平凡中坚守不凡。

马丛是中国铁路沈阳局集团有限公司长春站朱立红爱心服务班组的一名客运员。她每天都致力于帮助那些“特殊重点旅客”。她已经在这个岗位上工作了 7 年，其中在“轮椅姐”朱立红爱心服务室岗位上已有 6 年的经验，她的善行已经感召了 25.8 万名旅客。马丛一直将传播爱心视为自己的人生追求，她以主动、热情和乐观的态度感动着广大旅客，将爱心的种子撒播到每个角落。她的付出获得了多个荣誉称号，包括全国火车头奖章、吉林好人以及吉林省“五一”劳动奖章。

多年来，马丛坚持自己创造的“六个一服务工作法”：一脸微笑接待旅客，解答问题；细心照顾老人和孩子，关注重点旅客；全程关怀无人陪护旅客；在困难和顺境中保持平静，不因委屈而心焦；对待工作和服务旅客秉持一贯的态度，放飞梦想，超越昨天，践行诺言。

马丛将服务旅客视为自己的梦想和追求，她的目标是使自己的每一个服务举动更加完美，每一次语言交流更加亲切，让每位旅客的旅行体验都充满温馨。她以“放飞梦想，超越昨天”作为人生座右铭，在岗位上努力践行。

经验小贴士：

①自动播放音频可能会干扰用户，特别是当访问者没有预期到声音时。通常应该避免默认自动播放音频。

②可以使用 play() 方法来播放视频，使用 pause() 方法来暂停视频；使用 volume 属性来控制音量；使用 currentTime 属性来获取或设置视频的当前播放位置（以秒为单位）；也可以使用 requestFullscreen() 方法来实现视频全屏播放。

单元三　绘制五角星

6.3.1　图像绘制

1. <canvas>标签

<canvas>标签是HTML5中的一个新元素，它提供了一个用于绘制图形、绘画和渲染图像的区域。通过JavaScript，可以在<canvas>中使用绘图上下文（context）来创建图形、绘制图像、执行动画以及处理用户交互。它通常用于创建图表、绘制图形、实现游戏等。

<canvas>标签的基本使用方法如下：

①绘图上下文（context）：在使用<canvas>绘制图形之前，通常是通过JavaScript的getContext()方法来获取一个绘图上下文对象。

②绘制图形：可以在<canvas>中绘制直线、矩形、圆、路径等各种图形，还可以设置线条颜色、线宽、填充颜色等属性来定制图形的外观。

③渲染图像：可以使用绘图上下文的drawImage()方法在<canvas>中渲染图像。这对于创建图像画廊、游戏背景等非常有用。

④动画：通过在循环中不断更新<canvas>内容，可以创建动画效果。这可以通过改变图形的位置、样式或绘制不同的图形来实现。

⑤用户交互：可以监听<canvas>上的鼠标事件和触摸事件，以实现用户与图形的交互。例如，可以检测用户点击或拖拽图形的操作。

视频　canvas绘制

使用<canvas>标签可以实现各种图形和交互效果，但需要一些JavaScript编程和图形绘制的基础知识。用<canvas>标签绘制一些图形示例代码如下：

```
<canvas id="myCanvas" width="400" height="400" style="border:1px solid #c3c3c3;">
    您的浏览器不支持 HTML5 canvas 标签。
</canvas>
<script>
    // 准备画布
    var c = document.getElementById("myCanvas");
    // 准备画笔
```

```
        var ctx = c.getContext("2d");
        // 画笔颜色
        ctx.fillStyle = "#FF0000";
        // 开始画图，先画个矩形
        ctx.fillRect(10, 10, 180, 80);
        // 画条直线
        ctx.strokeStyle = '#2911a9'
        ctx.lineWidth = 4
        ctx.moveTo(0, 100);
        ctx.lineTo(200, 100);
        ctx.stroke();
        // 画一个圆圈
        ctx.beginPath();
        ctx.arc(50, 160, 50, 0, Math.PI / 2);
        ctx.strokeStyle = "orange"
        ctx.lineWidth = 4
        ctx.stroke();
        // 绘制文本
        ctx.font = "40px Arial";
        ctx.strokeStyle = "gray"
        ctx.strokeText("我爱您中国", 20, 250);
        // 绘制线性渐变
        var grd = ctx.createLinearGradient(0, 0, 200, 0);
        grd.addColorStop(0, "green");
        grd.addColorStop(1, "white");
        ctx.fillStyle = grd;
        ctx.fillRect(10, 300, 150, 80);
    </script>
```

【代码解析】首先，创建一个带有边框的400×400像素的<canvas>标签。使用 getContext("2d") 函数获取2D绘图上下文，即画笔。设置画笔的颜色为红色。使用fillRect()函数绘制一个红色矩形，矩形的左上角坐标为(10,10)，宽度为180 px，高度为80 px。使用moveTo()和lineTo()函数绘制一条蓝色粗线，连接坐标(0, 100)和(200, 100)。使用beginPath()函数开始一个新路径，使用arc()函数绘制一个橙色的1/4圆圈，圆心坐标为(50, 160)，半径为50 px，起始角度为0，终止角度为π/2。使用font属性设置字体大小和样式，使用strokeText()函数绘制灰色的文本“我爱您中国”，坐标为(20,250)。最后，创建线性渐变颜色，从绿色到白色，应用于一个矩形，坐标(10, 300)，宽度150 px，高度80 px。

图 6-4　用 <canvas> 标签绘制基本图形的效果

<canvas>标签绘制基本图形的效果如图6-4所示。

2. SVG语言

SVG（scalable vector graphics，即可缩放矢量图形）是用于描述二维矢量图形的标记语言。

与基于像素的位图图像不同，SVG图像使用几何形状、文本和其他可绘制对象的描述来表示图像。这使得SVG图像可以在不失真的情况下进行缩放，适用于多种不同分辨率的设备和屏幕。

SVG用对应的标签来创建图形对象，见表6-1。

表 6-1　SVG 相关标签

标　签	功 能 描 述
<svg>	SVG 图像的根元素，用于包裹所有 SVG 元素。可以设置图像的宽度、高度和视口大小等属性
<rect>	用于绘制矩形，可以设置矩形的位置、宽度、高度、圆角等属性
<circle>	用于绘制圆，可以设置圆心坐标和半径等属性
<ellipse>	用于绘制椭圆，可以设置中心点坐标、横轴和纵轴半径等属性
<line>	用于绘制直线，可以设置起始点和终止点的坐标
<polyline>	用于绘制折线，即连接多个点的线段
<polygon>	用于绘制多边形，通过指定多个点的坐标来绘制封闭的多边形
<path>	用于绘制复杂的路径，通过定义一系列命令和坐标点来绘制任意形状
<text>	用于绘制文本，可以设置文本的位置、样式、大小等属性
<image>	用于插入位图图像，可以指定图像的 URL、宽度、高度等属性
<g>	用于创建一个组，可以将多个图形元素放入其中，方便进行统一的变换和样式设置
<defs>	用于定义可重用的元素，如渐变、滤镜等
<use>	用于复用之前定义的元素，可以在 SVG 中多次使用同一个元素
<pattern>	用于创建图案填充
<mask>	用于创建遮罩效果

用SVG语言创建圆形、三角形、椭圆形，示例代码如下：

```
<body>
    <!-- 绘制圆形 -->
    <svg width="200" height="200">
        <circle cx="80" cy="110" r="50" fill="red" />
    </svg>
    <!-- 绘制三角形 -->
    <svg xmlns="http://www.w3.org/2000/svg" width="200" height="200" style=
"border: 1px gray solid;"> <polygon points="100,20 20,180 180,180" fill="blue" />
    </svg>
    <!-- 绘制椭圆形 -->
    <svg xmlns="http://www.w3.org/2000/svg" version="1.1">
        <ellipse cx="120" cy="100" rx="100" ry="50" style="fill:yellow;stro
ke:purple;stroke-width:2;"/>
    </svg>
</body>
```

【代码解析】先绘制了一个红色的圆形，圆心位于坐标(80,110)，半径为50 px。再用<polygon>元素绘制了一个蓝色的三角形。points属性定义了三个顶点的坐标，用逗号分隔。三角形的顶点分别是(100,20)、(20,180)和(180,180)。最后使用<ellipse>元素绘制了一个黄色填充的椭圆。cx和cy属性定义了椭圆的中心坐标，rx和ry属性分别定义了横轴和纵轴的半径。同时，通过style属性设置了填充颜色为黄色，边框颜色为紫色，边框宽度为2 px。效果如图6-5所示。

视 频

SVG绘图

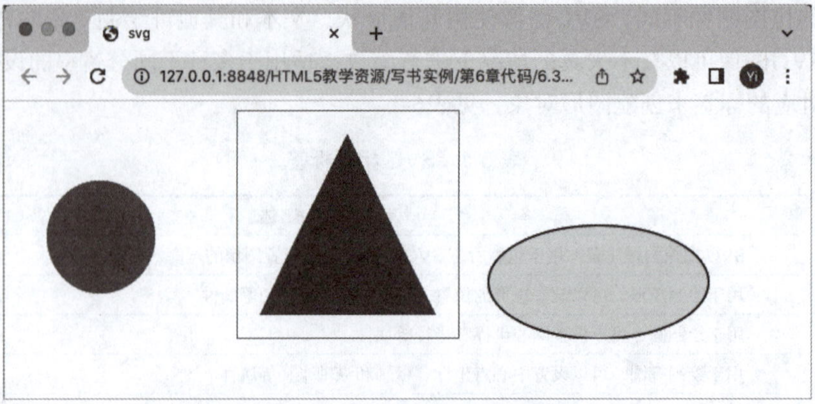

图 6-5　用 SVG 创建基本图形的效果

6.3.2　任务实践——绘制五角星

【任务背景】Canvas是HTML5提供的一个绘图API，通过JavaScript可以在画布上绘制图形、图像以及执行复杂的绘图操作。SVG是一种基于XML的矢量图形标准，它使用标记语言来描述图形，可以在HTML中嵌入，也可以作为独立的文件存储。本任务用两种方式分别创建五角星图形，对比生成的图形效果。

【任务要求】在页面的左侧创建Canvas绘制的五角星，右侧用SVG绘制的五角星。左侧五角星外边框线呈红色，内部填充色呈黄色，右侧五角星呈现错位叠加的阴影效果。整体效果如图6-6所示。

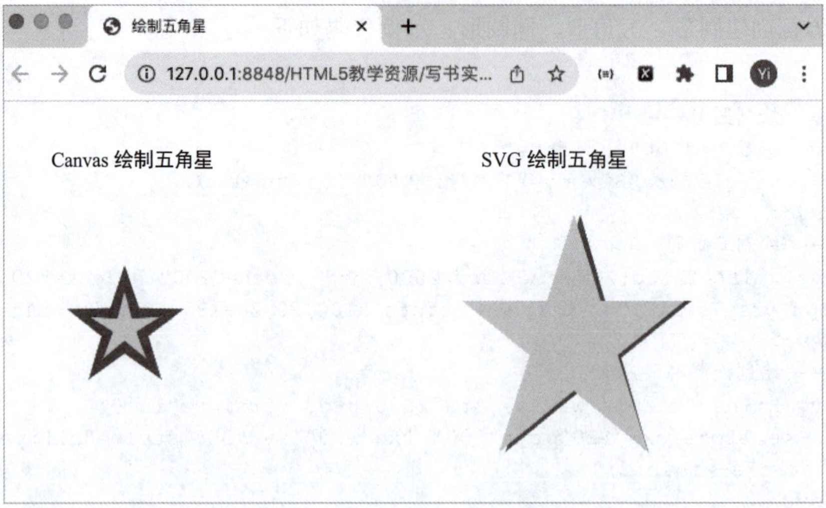

图 6-6　五角星绘制效果图

【任务实施】

1. 结构代码

五角星绘制的结构参考代码如下：

```
<div style = "float: left;">
    <h2>Canvas 绘制五角星 </h2>
    <canvas id = "myCanvas" width = "200" height = "200" ></canvas>
```

```
    </div>
    <!-- svg 绘制 -->
    <div style = "float: right;">
        <h2>SVG 绘制五角星 </h2>
        <svg height = "210" width = "300" >
            <polygon points = "105,10 45,198 195,78 15,78 160,198"
            style = "fill:red; fill-rule:nonzero;stroke-width:5;" />
            <polygon points = "100,10 40,198 190,78 10,78 160,198"
            style = "fill:yellow; fill-rule:nonzero; stroke-width:5;" />
        </svg>
    </div>
```

【代码解析】使用两个<div>元素将页面分为两个部分，左侧是Canvas绘制的五角星，右侧是SVG绘制的五角星。通过设置float来实现左右两栏布局。左侧的<div>中包含一个<h2>标题和一个<canvas>元素，用于Canvas绘制。Canvas的宽度和高度被设置为200像素。使用JavaScript绘制了两个不同风格的五角星。右侧的<div>中包含一个<h2>标题和一个<svg>元素，用于SVG绘制。通过<polygon>元素绘制了两个不同颜色和样式的五角星，通过顶点参数调整让其呈现叠加阴影效果。

2. 脚本代码

五角星绘制的脚本代码如下：

```
    <script>
        var canvas = document.getElementById('myCanvas');
        var ctx = canvas.getContext('2d');
        function drawStar(x, y, radius, spikes, innerRadius,color) {
            var rot = Math.PI / 2 * 3;
            var step = Math.PI / spikes;
            ctx.beginPath();
            ctx.moveTo(x, y - radius);
            for (var i = 0; i < spikes; i++) {
                var x1 = x + Math.cos(rot) * radius;
                var y1 = y + Math.sin(rot) * radius;
                ctx.lineTo(x1, y1);
                rot += step;
                x1 = x + Math.cos(rot) * innerRadius;
                y1 = y + Math.sin(rot) * innerRadius;
                ctx.lineTo(x1, y1);
                rot += step;
            }
            ctx.lineTo(x, y - radius);
            ctx.closePath();
            ctx.fillStyle = color;
            ctx.fill();
        }
        drawStar(100, 100, 50, 5, 20,'red');
        drawStar(100, 100, 30, 5, 10,"yellow")
    </script>
```

【代码解析】使用JavaScript定义 drawStar()函数绘制了两个五角星.该函数接受六个参数：x和y是五角星的中心点坐标，radius是外部顶点到中心点的距离，spikes是顶点数，innerRadius

是内部顶点到中心点的距离，color是填充颜色。在一个循环中，通过计算角度和坐标，分别绘制五角星的外部顶点和内部顶点，连接这些顶点，形成封闭的五角星。大五角星外半径为50 px，内半径为20 px的红色五角星，以及一个外半径为30 px，内半径为10 px的黄色五角星。

经验小贴士：

①在绘制大量图形或进行复杂的图形计算时，Canvas 可能更高效，因为它是基于像素的。SVG 适用于简单的图形，不过在大规模的动画或交互式应用中可能会影响性能。

②在 Canvas 中，需要手动检测鼠标和键盘事件，以实现交互性。使用事件监听器来响应用户操作。

③ Canvas 允许以像素为单位直接操作图像，更适合绘制复杂的图形效果。SVG 适用于矢量图形，更适合绘制几何形状和简单的图案。

小　结

本模块内容涵盖HTML5中的富媒体标签，包括<audio>、<video>、<canvas>和<svg>，通过实际案例展示了如何利用这些标签实现音频、视频播放以及图形绘制功能。

本模块详细讲解了<audio>和<video>标签的使用方法，介绍了如何通过HTML5标签嵌入音频和视频文件，利用JavaScript控制播放、暂停、音量调节等功能。通过TOP10音乐排行榜和视频播放器的案例，展示了如何结合CSS和JavaScript实现自定义的播放控件和交互效果。此外，本模块介绍了<canvas>标签和SVG语言，讲解了如何使用<canvas>绘制基本图形、实现动画效果，以及如何通过SVG创建矢量图形。通过五角星绘制的案例，对比了<canvas>和SVG在图形绘制中的不同应用场景和效果。

习　题　6

一、单项选择器

1. <video>标签中的controls属性的作用是（　　）。

　A. 控制视频的播放和暂停　　B. 设置视频的宽度和高度

　C. 设置视频的源文件　　D. 预加载视频内容

2. <audio>标签中的loop属性的作用是（　　）。

　A. 设置音频的播放速率　　B. 循环播放音频内容

　C. 预加载音频内容　　D. 控制音频的音量

3. 在 <video>标签中，（　　）事件会在视频播放完毕时触发。

　A. Play　　B. pause　　C. ended　　D. loadedmetadata

4. 下列关于Canvas和SVG说法中，正确的是（　　）。

　A. Canvas支持事件处理器

　B. Canvas不依赖分辨率，缩放不失真

　C. SVG不依赖分辨率，缩放不失真

　D. SVG适合图像密集型的游戏

5. 下列选项中，（　　）是径向渐变的方法。

A. createLinearGradient()　　B. createRadialGradient()

C. Linear Gradients　　D. Radial Gradients

二、多项选择题

1. HTML5中的一些有趣的新特性包括（　　）。

A. 用于绘画的Canvas元素

B. 用于媒介回放的video和audio元素

C. 对本地离线存储的更好的支持

D. 新的语义化元素，如article、footer、header、nav、section

2. 下列选项中，（　　）是Canvas的方法。

A. getContext( )　　B. fill( )　　C. stroke ( )　　D. controller( )

3. HTML5为video和audio提供了接口方法，包括（　　）。

A. play()　　B. load()　　C. pause()　　D. playing

4. 以下关于SVG和Canvas的描述正确的有（　　）。

A. Canvas里面绘制的图形不能被引擎抓取

B. SVG里面绘制的图形不能被引擎抓取

C. SVG绘制出的图形为矢量图

D. Canvas是HTML5里面的新标签

5. <canvas>元素需要使用 JavaScript 来绘制图形，而SVG则使用XML格式的标记语言，以下对其特点描述正确的是（　　）。

A. <canvas>更适合处理复杂的图形和动画效果

B. SVG更容易实现交互和事件处理

C. <canvas>具有更好的可伸缩性和分辨率独立性

D. SVG更适合处理实时数据可视化

三、判断题

1. <audio>和<video>标签都支持设置封面图像，用于在加载前或者播放中显示。（　　）

2. 在<canvas>中，绘制的图形可以使用CSS样式进行样式化和布局。（　　）

3. 在<canvas>中，绘制的图形可以通过JavaScript API动态修改和操作。（　　）

4. <canvas>元素支持图像的无损缩放和旋转。（　　）

5. <audio>和<video>标签都具有autoplay属性，可以在加载完毕后自动播放音频或视频。（　　）

第三部分

JavaScript 编程基础

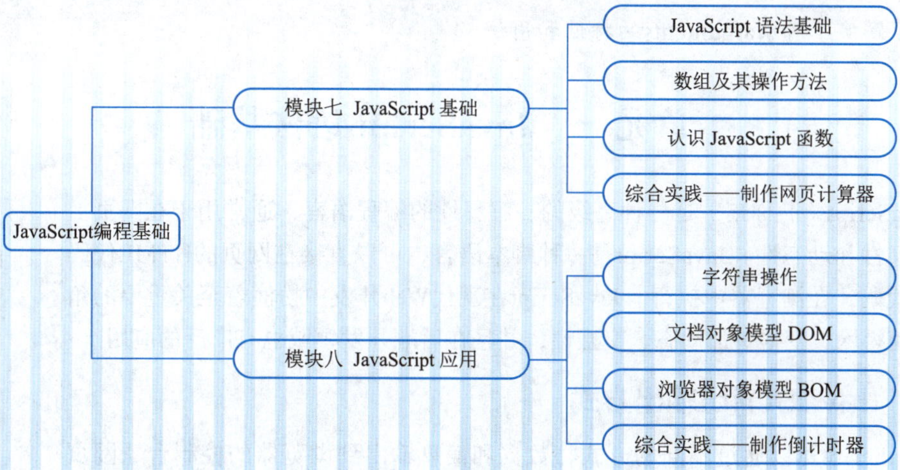

模块七 JavaScript基础

学习目标

◎理解JavaScript中的基本数据类型，如数字、字符串、布尔值、null、undefined；
◎掌握变量声明，理解变量的作用域；
◎掌握算术运算符、比较运算符和逻辑运算符的使用；
◎掌握数组的定义及遍历的方法；
◎掌握常用的数组操作方法，如push、pop、shift、unshift、splice等；
◎理解函数的作用和优势，学会如何声明和定义函数；
◎掌握函数的参数传递和返回值；
◎了解实参对象arguments的特性和用法。

单元一　JavaScript 语法基础

JavaScript（简称JS）是一种高级的、解释性的编程语言，通常用于在网页上实现交互性和动态性。JavaScript是一种脚本语言，可以直接在网页的HTML代码中嵌入代码，在浏览器中执行。JavaScript在现代Web开发中扮演着至关重要的角色，它使得网页变得更加动态、交互性，并且在后端开发领域也有广泛的应用。

视频
JavaScript语法基础

7.1.1　JavaScript输出方式

JavaScript可以通过不同的方式将数据和信息输出到浏览器的控制台、网页文档、弹出窗口等。以下是几种常见的JavaScript输出方式。

视频
JavaScript输出方式示例

1. 控制台输出

控制台输出结果是JavaScript最常用的输出方式，通过console.log()函数将信息输出到浏览器的开发者控制台，可以输出文本、变量的值等。示例代码如下：

```
console.log("Hello, World!");
var num = 10;
console.log("这是控制台输出 num 的值：", num);
```

通过【F12】快捷键，或者在页面中右击弹出快捷菜单，选择“检查”命令，可以查看控制台输出结果，如图7-1所示。

2. 页面输出

JavaScript可以将内容输出到网页中的HTML元素中，如<p>、<div>等。示例代码如下：

```
var message = "这是页面输出的: Hello, World!";
document.getElementsByTagName('body')[0].innerHTML = message;
```

JavaScript从页面输出效果如图7-2所示。

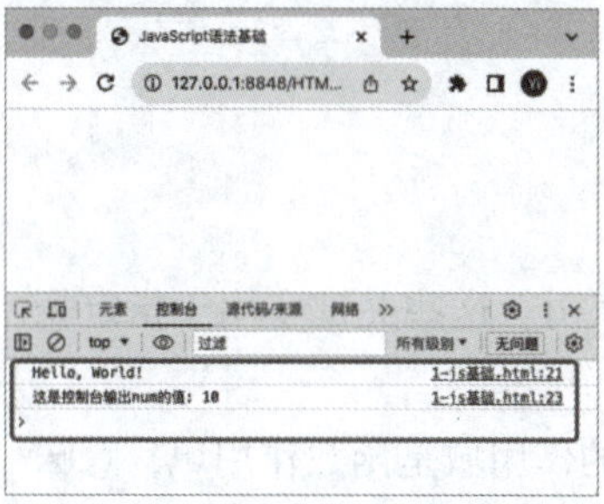

图 7-1　控制台输出结果

图 7-2　页面输出效果

3. 警告弹框

JavaScript通过window.alert()函数这会在浏览器中弹出一个警告框，显示指定的文本信息。示例代码如下：

```
var message = "Hello, World!";
window.alert(message);
```

警告弹框方式输出效果如图7-3所示。

4. 确认框

使用window.confirm()方法会在浏览器中弹出一个确认框，询问用户是否确认某个操作。通常用户可以单击“确定”或“取消”按钮。确认框示例代码如下：

```
var result = window.confirm("你确定吗?");
if(result) {
    console.log("用户已选择确定");
} else {
    console.log("用户取消确定");
}
```

当用户选择“确定”按钮时会返回一个true值，控制台打印“用户已选择确定”；选择“取消”则返回false，控制台打印“用户取消确定”。确认框输出效果如图7-4所示。

5. 输入弹框

使用window.prompt()函数会在浏览器中弹出一个输入框，用户可以输入文本内容。通常用于获取用户输入。输入框代码如下：

```
var name = window.prompt("请输入你的姓名:");
console.log("Hello, " + name);
```

当输入内容后，会在控制台将输入的内容输出，效果如图7-5所示。

图 7-3　警告弹框方式输出效果

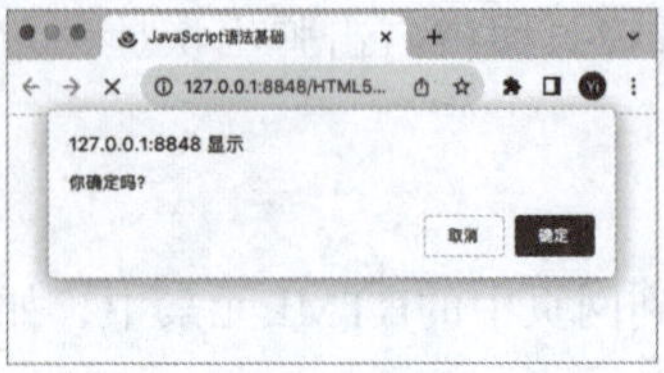

图 7-4　确认框输出效果

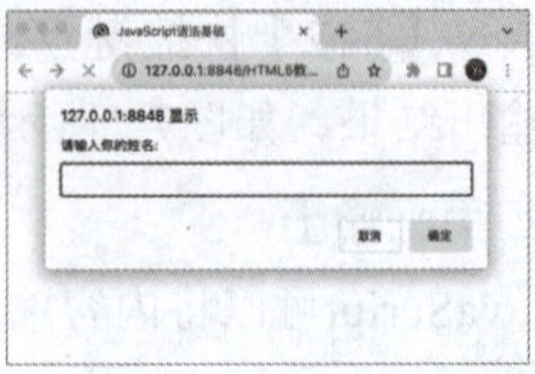

图 7-5　输入弹框效果

以上输出方式可以根据不同的场景和需求选择使用。console.log()方法适用于调试和开发过程中，将信息输出到控制台进行查看。在网页中输出到文档可以将内容动态地显示在页面上。而弹出框则用于与用户进行交互。

7.1.2　变量

1. 变量声明关键字

JavaScript中的变量可以通过var、let和const来声明。这些关键字用于指定变量的作用域和可变性。

视 频

变量示例

早期版本的JavaScript常使用var来声明变量。它的作用域是函数作用域，意味着变量在声明的函数内部可见，在函数外部不可见。但是，var声明的变量存在变量提升的特性，即变量在声明前就可以访问，但其值为undefined，代码如下：

```
var x = 10;
function example() {
    var y = 20;
    console.log(x);                    // 10
    console.log(y);                    // 20
}
```

let关键字引入了块级作用域，即变量在声明的块内部，即是在{}内可见，在函数外部不可见。与var不同，let不会存在变量提升，而且可以防止变量的重复声明。示例代码如下：

```
let a = 5;
if(true) {
    let b = 10;
    console.log(a);                    // 5
    console.log(b);                    // 10
}
console.log(b);                        // 报错，b不在作用域内
```

const关键字也引入了块级作用域，与let相似。它用于声明常量，一旦赋值就不能再修改。注意声明时必须初始化值。示例代码如下：

```
const PI = 3.14;
PI = 3.14159;                          // 报错，常量值不可修改
```

2. 变量赋值

变量赋值是将值分配给变量。变量命名遵循以下规则：

①变量名必须以字母、下划线（_）或美元符号（$）开头；

②变量名可以包含字母、数字、下划线和美元符号；

③变量名区分大小写，myVar和myvar是不同的变量；

④避免使用JavaScript关键字作为变量名。

采用赋值运算符“=”将右侧的值赋给左侧的变量。变量可以赋值为各种类型，可以先声明再赋值，也可以声明的同时赋值。示例代码如下：

```
var numberVar;                              // 变量声明
numberVar = 1;                              // 赋值为数字
var stringVar;                              // 声明
stringVar = "I am a String";                // 赋值为字符串
var myNumber = 2;                           // 声明的同时赋值为数字
var myString = "我是字符串";                // 声明的同时赋值
var number1 = 1, number2 = 2;               // 一次声明，赋值多个变量
```

3. 变量的作用域

变量的作用域是指变量在程序中的可访问范围。JavaScript中的作用域分为两种：全局作用域和局部作用域（即函数作用域）。

①全局作用域：是指在代码的最外层声明的变量拥有全局作用域，即在整个代码文件中都可以访问。这意味着在任何地方都可以使用这些变量，该变量称为全局变量。

②局部作用域：是指在函数内部声明的变量拥有局部作用域，只能在函数内部访问。这意味着这些变量只在函数内部可见，在函数外部无法直接访问。该变量称为局部变量。

示例代码如下：

```
var wholeVar = 12;                               // 声明并初始化一个全局变量
function test() {
    var localVar = 1;                            // 局部变量
    console.log("全局变量和局部变量：" + (wholeVar + localVar)); // 输出13
}
console.log("全局变量：" + wholeVar);            // 输出12
console.log("局部变量：" + localVar);            // 输出错误
test()
```

在全局作用域内输出全局变量wholeVar的值，为 12。在全局作用域内尝试输出局部变量localVar，结果报错。因为localVar是在函数内部声明的局部变量，无法在函数外部访问。

视频

数据类型示例

7.1.3 数据类型

JavaScript的数据类型有数字、字符串、布尔型、对象类型、数组、null和undefined等，详细描述见表7-1。

表 7-1　各种数据类型

类　型	描　述	示　例
number（数字）	表示数值，可以是整数或浮点数	例如：5, 3.14, −10.
string（字符串）	表示文本数据，由一系列字符组成，用单引号 ' 或双引号 " 包裹起来	例如："Hello, world!", 'JavaScript'.
boolean（布尔）	表示逻辑值，只有两个可能的值：true 和 false	
undefined（未定义）	表示一个未定义的值，通常在变量被声明但未赋值时为其默认值	
null（空）	表示空值或空对象。当你想要明确地表示变量为空时，可以赋值为 null	

续表

类　型	描　　述	示　　例
object（对象）	表示复杂数据结构，可以包含多个键值对，也可以是函数	例如：{ key 'value' }, function() { ... }.
array（数组）	表示有序的集合，其中的元素可以是任何类型的数据	例如：[1, 2, 3], ['apple', 'banana', 'cherry'].
symbol（符号）	表示唯一的标识符，通常用于对象属性的键名，以避免命名冲突	
bigint（大整数）	用于表示超出 JavaScript 数值范围的大整数，以后缀 n 标识	例如：123456789012345678901234567 89n.

JavaScript各种数据类型示例代码如下：

```
<script>
    // 1. 数值型
    var number1 = 0X11;                // 17
    var number2 = 2.09e2;              // 2.09*100
    var number3 = Math.sqrt(5);        // 计算 5 的平方根
    // 2. 字符串型
    var str = 'JavaScript';
    var str2 = '红星闪闪，放光彩';
    // 3. 布尔值
    var  boolType1 = true;
    var  boolType2 = false;
    // 4. 数组
    var myArray1 = [1, 2, true, "string", 3.8];
    var myArray2 = [1, 2, 4, 'A', 'B', 'C', true];
    // 5. 对象类型
    var student = {
        name:"小明",
        age:23,
        gender:'male'};                // 声明并初始化对象
    // 6.null 和 undefined
    var myVar1 = null;
    var myVar2 = undefined
</script>
```

数据类型间的转换请扫描侧边二维码观看讲解视频。

视频　数据类型转换示例

视频　运算符示例

7.1.4 运算符

1. 算术运算符

算术运算符用于执行基本的数学操作，详细描述见表7-2。

表 7-2　算术运算符

运算符	功　　能
+	加法
−	减法
*	乘法
/	除法
%	取模（取余数）

算术运算符的参考代码如下：

```
var resultNumber = 1 + 1;            // 结果是2
var resultString1 = "1" + "1";       // 结果是"11"
var resultString2 = 1 + "2";         // 结果是"12"
var floatNumber = 3 / 2;             // 结果是1.5
var intNumber = 3 % 2;               // 结果是1
```

将一个数字和一个字符串相加时，JavaScript会将数字转换为字符串，再进行连接。

2. 赋值运算符

复制运算符用于将值分配给变量，详细描述见表7-3。

表 7-3 赋值运算符

运算符	功　能
=	赋值
+=	加后赋值
−=	减后赋值
*=	乘后赋值
/=	除后赋值
%=	取模后赋值

赋值运算符的示例代码如下：

```
var x = 10;        // 赋值运算符，将值10赋给变量x
var y = 5;
y += 3;            // 加法赋值运算符，y的值变为8
var z = 10;
z -= 4;            // 减法赋值运算符，z的值变为6
var a = 3;
a *= 2;            // 乘法赋值运算符，a的值变为6
var b = 12;
b /= 4;            // 除法赋值运算符，b的值变为3
var c = 7;
c %= 3;            // 取模赋值运算符，c的值变为1
```

3. 比较运算符

比较运算符用于比较两个值，详细描述见表7-4。

表 7-4 比较运算符

运算符	功　能
==	等于
!=	不等于
===	严格等于（值和类型都相等）
!==	严格不等于
>	大于
<	小于
>=	大于等于
<=	小于等于

比较运算符相关示例代码如下：

```
var stringVar = "2";
var number1 = 2;
var number2 = 2;
var bool1 = true;
var bool2 = false;
var res1 = (stringVar == number1);          // res1 的值为 true
var res2 = (stringVar === number1);         // res2 的值为 false
var res3 = (number1 === number2);           // res3 的值为 true
var res4 = (bool1 != bool2);                // res4 的值为 true
```

4. 递增运算符和递减运算符

递增运算符和递减运算符用于增加或减少变量的值。它们分别是++（递增）和--（递减）。递增运算符++会将变量的值增加1，而递减运算符--会将变量的值减少1。示例代码如下：

```
var i = 1, j = 0;
j = i++;                    // j为1, i为2
var m = 1, n = 0;
n = ++m;                    // n为2, m为2
```

对于表达式j = i++;，首先将i的值（初始为1）赋给j，然后再将i的值增加 1。因此，最后j的值为1，而i的值变为2。对于表达式n = ++m;，首先将m的值增加1，然后再将增加后的m的值赋给n。因此，最后n的值为2，而m的值也为2。

5. 逻辑运算符

逻辑运算符用于在布尔值之间执行逻辑操作，详细描述见表7-5。

表 7-5 赋值运算符

运算符	功　能
&&	逻辑与（AND）
||	逻辑或（OR）
!	逻辑非（NOT）

逻辑运算符相关示例代码如下：

```
var number3 = 1;
var number4 = 0;
var string = "a";
var res4 = (number3 && string);        // 输出字符串 "a"
var res5 = (number3 || string);        // 输出数字 1
var res6 = (!number3);                 // false
```

由于number3是非零数字，而string是非空字符串，所以使用逻辑与运算符&&时，它们的结果为第二个操作数，即字符串 "a"。使用逻辑或运算符||时，它们的结果为第一个非假值操作数，即数字1。逻辑非运算符!用于取反操作。因为number3是非零数字，所以取反后结果为false。

6. 条件运算符

条件运算符（也称为三元运算符）是 JavaScript 中用于创建简单条件判断的运算符。

它的语法是为：condition ? expr1 : expr2，如果条件为真，则返回 expr1，否则返回 expr2。相关示例代码如下：

```
var a = 3, c = 7
var result1 = a > c ? a : c;  //result1赋值为a和c中大的那一个
var result2 = (a == 5) ? ( a+ 1) : (a - 1); //a为5时，返回a+1，否则返回a-1
```

7. 其他运算符

typeof运算符用于判断变量的数据类型。相关示例代码如下：

```
var num = 42;
var str = "Hello";
console.log(typeof num);              // 输出：number
console.log(typeof str);              // 输出：string
```

Instanceof运算符检查一个对象是否属于某个类或构造函数的实例。相关示例代码如下：

```
var arr = [];
console.log(arr instanceof Array);   // 输出：true
console.log(arr instanceof Object);  // 输出：true
```

arr是一个数组，数组是JavaScript中的对象，所以它同时也是Object的实例。由于数组是Object的子类，所以instanceof运算符检测arr是否为Array的实例时也会返回true。

经验小贴士：

①var 是旧的声明方式，而 let 和 const 是 ES6 引入的新方式，推荐使用后两种。

②尽量避免使用全局变量，以减少命名冲突和意外修改。

③选择一种命名风格并保持一致，以增加代码的可读性。推荐使用驼峰命名法或下划线命名法来命名变量、函数和对象属性，如 firstName、ageOfPerson。

单元二　数组及其操作方法

7.2.1　认识数组

JavaScript中的数组是一种特殊的对象，用于存储多个值。数组可以包含不同类型的数据，包括数字、字符串、对象等。数组在JavaScript中是一种非常常用的数据结构，用于存储和操作大量数据。JavaScript数组的一些特点和常见操作如下：

视频　数组及其操作方法

①有序集合：数组中的元素按照顺序存储，每个元素都有一个唯一的索引来访问。

②长度可变：数组的长度可以随时变化，可以动态添加或删除元素。

③存储不同数据类型：数组可以同时包含不同类型的数据，如数字、字符串、对象等。

④索引访问：数组中的元素可以通过索引来访问，索引从0开始，依次递增。

⑤常见操作：数组支持添加、删除、修改和查找元素等常见操作。

⑥遍历：可以使用循环来遍历数组中的元素，执行特定操作。

⑦高阶方法：JavaScript提供了一些高阶数组方法如map、filter、reduce等，用于处理数组元素更加方便和灵活。

视频　创建数组示例

1. 数组的创建

数组的创建可以通过多种方式，常用的是字面量创建或构造函数创建。

（1）使用字面量创建数组

使用方括号[]来创建一个空数组，或者在方括号内添加元素。示例代码如下：

```
var emptyArray = [];
var numbers = [1, 2, 3, 4, 5];
var mixedArray = [1, 'apple', true, {key: 'value'}];
```

（2）使用构造函数创建

可使用new Array()构造函数来创建数组，可以传递数组长度作为参数。示例代码如下：

```
var emptyArray = new Array();
var numbers = new Array(1, 2, 3, 4, 5);
var lengthOnly = new Array(5);        // 创建包含 5 个 undefined 的数组
```

2. 数组读取与写入

数组的读取和写入是非常基本且常见的操作。可以通过索引来访问数组中的元素，也可使用索引来修改数组中的元素。用以下示例代码来说明数组的读取和写入操作。

```
var colors = ['red', 'green', 'blue'];
// 读取数组元素
var firstColor = colors[0];    // 读取第一个元素，值为 "red"
var secondColor = colors[1];   // 读取第二个元素，值为 "green"
// 修改数组元素
colors[2] = 'yellow';          // 将第三个元素修改为 "yellow"
// 通过索引添加元素
colors[3] = 'orange';          // 在第四个位置添加元素 "orange"
```

数组元素的读写操作需注意以下几点：

①数组的索引从0开始，第二个元素的索引是1，依此类推。

②可以通过索引来读取和修改数组中的元素的值。

③如果使用的索引超过了数组的长度，会自动添加新的元素到数组中。

④通过索引写入元素时，如果该索引已存在元素，会替换掉原有的值。

3. 数组长度

在JavaScript中，经常使用数组的length属性来获取数组和管理数组的长度。示例代码如下：

```
var fruits = ['apple', 'banana', 'orange', 'grape'];
var length = fruits.length;    // 获取数组 fruits 的长度，值为 4
console.log(length);           // 输出：4
```

使用length属性需要注意两点：

①length属性会自动根据数组的元素个数进行更新。如果添加或移除元素，数组的length属性会自动变化。

②通过设置length属性可以增加或减少数组的长度。设置更大的长度会添加空的元素，设置更小的长度会截断数组，删除多余的元素。

视频

数组元素操作示例

7.2.2 数组元素操作

1. 添加数组元素

在JavaScript可以使用多种方法来添加元素到数组中。

（1）使用索引赋值

可以通过指定索引位置来直接赋值添加元素。示例代码如下：

```
var numberArray = [12, 23, 34, 45];
numberArray[numberArray.length] = 56;
numberArray[6] = 600;
console.log(numberArray) // 返回 numberArray 值为 [12,23,34,45,56, 空白 ,600]
```

（2）使用 push()方法添加

使用push()方法可以将一个或多个元素添加到数组的末尾，但push()方法返回值为新数组的长度。示例代码如下：

```
// 利用 push() 方法在数组尾部添加元素，返回值为新数组的长度
var numberArray2 = [12, 23, 34, 45];
var newArrayLength = numberArray2.push(56);
console.log(numberArray2)     // 返回数组 numberArray2:[12,23,34,45,56]
console.log(newArrayLength)   // 返回新数组长度为 5
```

（3）使用unshift()方法添加

unshift()方法能将一个或多个元素添加到数组的开头，可以接受一个或多个参数，并返回新数组的长度。示例代码如下：

```
// unshift 方法在数组的头部添加元素
var sArray = ["html","css","javascript"];
var newLength = sArray.unshift("hello");
console.log(sArray)    // 返回新数组 sArray 为 ['hello','html','css', 'javascript']
console.log(newLength) // 返回新数组 sArray 长度为 4
```

（4）使用splice()方法添加

使用splice()方法可在指定位置插入元素，可以同时添加和删除元素。示例代码如下：

```
var fruits = ['apple', 'banana', 'orange'];
fruits.splice(1, 0, 'grape', 'pear');  // 索引 1 处添加 2 个新元素，同时删除 0 个元素
console.log(fruits);   // 输出 ["apple", "grape", "pear", "banana", "orange"]
```

2. 删除数据元素

JavaScript数组提供了多种方法来删除数组中的元素，包括定义数组长度来删除和JavaScript内部方法删除。

（1）通过定义数组长度删除元素

通过数组length属性定义数组的长度小于数组本身元素个数时，数组尾部的元素自动被删除。示例代码如下：

```
var array = [1, 2, true, "hello"];
array.length = 3;                        // 索引最大的元素被删除
console.log(array);                      // 输出 [1,2,true]
```

（2）pop()方法

pop()方法可以从数组末尾删除一个元素，并返回被删除的元素。示例代码如下：

```
var fruits = ["apple", "banana", "orange"];
```

```
var removedFruit = fruits.pop();
console.log(fruits);                    // 输出 ["apple", "banana"]
console.log(removedFruit);              // 输出 "orange"
```

(3) shift()方法

shift()方法可以从数组开头删除一个元素，并返回被删除的元素。示例代码如下：

```
// 删除头部元素 shift 方法，并返回该元素
var cArray = [11, 22, 33, 44, 55];
var shiftItem = cArray.shift();              // 输出 11，并从数组中删除 11
console.log(cArray);                         // 输出 [22,33,44,55]
console.log(shiftItem);                      // 输出 11
```

(4) delete操作符

delete是JavaScript的一个操作符，而不是方法，用于删除对象的属性或数组中的元素。使用delete删除数组元素时，虽然元素值变成了undefined，但数组的长度不会改变。这可能导致数组中出现未定义的元素，而length属性仍然会保持原来的值。示例代码如下：

```
// delete 方法删除，并非彻底删除，只是将值清空设为 empty
var dArray = [11,22,33,44,55];
var delItem = delete dArray[3];              // 删除索引最大的元素
console.log(dArray);                         // 输出 [22,33,44,55]
console.log(delItem);                        // 输出 true
console.log(dArray[3]);                      // 输出 undefined
```

7.2.3 数组遍历

数组遍历是指在编程中对数组中的每个元素逐一进行访问和处理的过程。数组遍历的目的是对数组中的每个元素执行特定的操作，比如查找特定元素、修改元素值、进行计算等。JavaScript中有多种遍历数组的方式，常见的遍历方法包括for循环、forEach()遍历、for…of遍历、map()方法。

视 频

数组遍历示例

1. for循环遍历

通过循环的索引来遍历数组元素，示例代码如下：

```
// for 遍历
var stringArray = ["北京", "上海", "天津", "重庆"];
for(var i = 0, sLen = stringArray.length; i < sLen; i++) {
    console.log("直辖市"+stringArray[i])
}
```

通过对stringArray数组的遍历，从控制台中输出四个直辖市。

2. forEach()遍历

forEach()方法是数组自带的一个方法，用于遍历数组元素，并对每个元素执行回调函数。示例代码如下：

```
var numArr = [10,11,12,13,14];
numArr.forEach(function(e, index, arr){
    document.write('numArr 数组是: ['+arr+']   第 '+(index+1)+' 个元素是: '+e+
'<br>');});
```

forEach()方法接受一个回调函数作为参数。该回调函数会被用来处理数组中的每个元素。回调函数的参数包括当前迭代的元素e、当前元素在数组中的索引index和数组本身arr。代码示例遍历输出效果如图7-6所示。

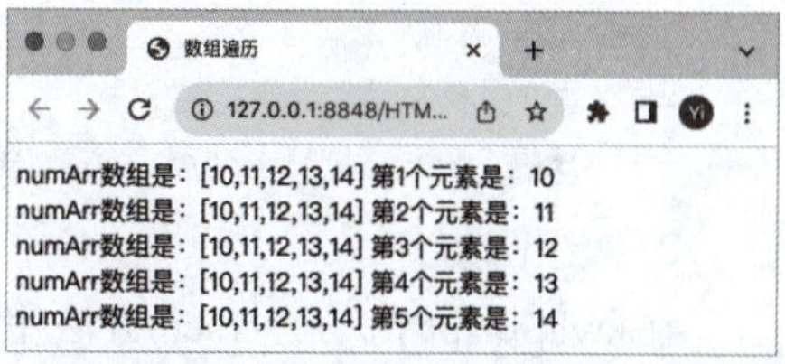

图 7-6 forEach() 方法遍历输出效果

3. for...of遍历

使用for...of循环不需要使用索引或者额外的迭代变量，可以更简洁地遍历数组元素。示例代码如下：

```
let array = [1, 2, 3, 4, 5];
for(let value of array) {
    console.log(value);      // 控制台输出数组中的每个元素
}
```

除了数组外，for...of语句还可以遍历字符串、map、set等可迭代对象中的元素。

4. map()方法遍历

map()方法也是数组自带的一个方法，它能够遍历数组并对其中的每个元素执行一个函数，返回执行函数后的新数组。示例代码如下：

```
const numbers = [1, 2, 3, 4, 5];
const squares = numbers.map(function(num) {
    return num * num;
});
console.log(squares);      // 输出 [1, 4, 9, 16, 25]
```

使用map()方法创建了一个新数组squares，其中包含了原始数组numbers中每个元素的平方值。

7.2.4 数组操作方法

1. 查找元素的位置

indexOf()()和lastIndexOf()是JavaScript中用来检索特定元素位置的方法。它们的主要区别在于搜索的方向。indexOf()方法从数组的开始位置向前搜索，返回第一次出现的位置，如果没有找到，返回-1。lastIndexOf()方法从数组的末尾开始向后搜索，返回最后一次出现的位置。如果没有找到，同样返回-1。两者都有两个参数，第一个参数为要查找的元素，第二个参数可选，为搜索的起点索引。示例代码如下：

视 频

数组操作方法示例

```
// 查找元素的位置 indexOf() 和 lastIndexOf()
let search = ["a", "b", "x", "b", "c", "d", "a", "x", "b", "a"];
let p1 = search.indexOf("x"); // p1=2，返回位置均为该元素在原数组中的索引位置
let p2 = search.lastIndexOf("a");     // p2=9，从最后一位往前检索
let p3 = search.indexOf("a", 2);      // p3=6，从第二位开始检索
let p4 = search.indexOf('b', -3);     // p4=8，从倒数第三位开始检索
let p5 = search.lastIndexOf('f', -3); // p5=-1，从倒数第三位开始检索，从后往前检索。
```

2. 数组结合

在JavaScript中，concat()是一个数组方法，用于连接两个或更多的数组。它不会改变现有的数组，而是返回一个新数组。示例代码如下：

```
let a = [1, 2, 3];
let b = [4, 5, 6];
let c = a.concat(b);   // 合并后返回新数组 [1,2,3,4,5,6]
```

3. 数组倒置

在JavaScript中，reverse()方法用于颠倒数组中元素的顺序。该方法会直接修改原数组。示例代码如下：

```
let d = [1, 2, 3, 4];
d.reverse();
console.log(d)// 输出 [4,3,2,1]
```

如果不需改变原数组，可以使用slice()方法创建一个新数组，然后将原数组和新数组使用reverse()方法颠倒，示例代码如下：

```
var array = [1, 2, 3, 4, 5];
var reversedArray = array.slice().reverse();
console.log(array);            // 输出 [1, 2, 3, 4, 5]
console.log(reversedArray);    // 输出 [5, 4, 3, 2, 1]
```

4. 数组转字符串

JavaScript可以使用数组的join()方法或toString()方法来实现。示例代码如下：

```
let sArray = ["June", "July", "August"];
let sj1 = sArray.join();       // 输出 'June,July,August'
let sj2 = sArray.join("+");    // 输出 'June+July+August'
let sj3 = sArray.toString();   // 输出 'June,July,August'
```

join()方法通常用于将迭代器或数组中的元素连接成一个字符串，并允许您指定分隔符。toString()方法通常用于将对象转换为字符串表示形式，并根据对象的实现返回不同的结果。

5. 元素排序

sort()方法用于对数组的元素进行排序。默认情况下，sort()方法按照字符串Unicode码值进行排序。该方法会直接修改原始数组。示例代码如下：

```
let stringArray = ["a", "ab", "b", "aa"];
let numArray = [10, 5, 8, 1, 7];
console.log(stringArray.sort())       // 按照字母表顺序排序，并且改变原数组
console.log(numArray.sort())          // 输出 [1, 10, 5, 7, 8]
let sort1 = numArray.sort(function(a, b) {
    return b - a;
})                                    // 传入回调函数
console.log(sort1)                    // 输出 [10, 8, 7, 5, 1]
```

如果数组元素是数字的情况下，排序是基于字符串排序。为了按照数字排序，需提供一个比较函数。在这个例子中，比较函数是一个箭头函数，它接收两个参数（a和b），并返回一个值。如果返回值是负数，a会被排在b之前；如果返回值是正数，b会被排在a之前；如果返回值是零，a和b的顺序不会改变。这个比较函数按照数值大小对数字数组进行排序。

6. 提取子数组

JavaScript中的slice()函数用于从数组或字符串中提取部分内容的方法。它不会修改原始数组或字符串，而是返回一个新的数组或字符串，其中包含了从指定起始位置到指定结束位置之

间的元素。slice()方法接受两个参数，参数设置需要注意以下几点：

①第一个参数是起始位置（包含），第二个参数是结束位置（不包含）。

②如果只提供一个参数，则从该位置开始截取到数组或字符串的末尾。

③负数参数可以用来表示从数组或字符串末尾开始的位置。

slice()函数示例代码如下：

```
let arr = ["a", "b", "c", "d", "e"];
let arr1 = arr.slice(0, 3);   // 从索引 0 开始，到索引 3（不包括索引 3）的元素，arr1: ["a","b","c"]
let arr2 = arr.slice(0, -2);  // 从索引 0 开始，到倒数第二个元素，arr2: ["a","b","c"]
let arr3 = arr.slice(4);      // 从索引 4 开始到数组末尾的元素，arr3:["e"]
let arr4 = arr.slice(-4);     // 从倒数第四个元素开始到数组末尾的元素，arr4: ["b","c","d","e"]
```

7. 数组过滤

filter()是JavaScript中数组对象的一个内置函数，用于筛选数组中的元素，然后返回一个新的数组。新数组中只包含符合特定条件的元素。这个函数不会修改原始数组，而是创建一个新的数组，其中包含满足条件的元素。filter()函数接受一个回调函数作为参数，这个回调函数会对数组中的每个元素进行调用，然后根据回调函数的返回值来决定是否保留该元素在新的数组中。示例代码如下：

```
const ages = [12, 20, 15, 30, 18, 25];
const adults = ages.filter(age =>( age >= 18));
console.log(adults); // 输出 [20, 30, 18, 25]
```

在这个示例中，箭头函数作为回调函数，条件是年龄age大于等于18，将过滤后的结果保留在adults数组中。

经验小贴士：

① for...in 是 JavaScript 中的一个循环语句，用于遍历对象的属性，包括原型链上的属性。数组遍历推荐使用 for...of 循环或 forEach() 方法。

②大多数数组操作函数（如 map()、filter()、slice() 等）不会修改原始数组，而是返回一个新的数组。map()、filter()、forEach() 通常需要传递一个回调函数作为参数。

③避免在同一行代码中嵌套过多的数组操作函数，这可能会降低代码的可读性。尽量将复杂的操作拆分成多个步骤，以提高代码的清晰度。

单元三　认识 JavaScript 函数

7.3.1　函数定义

在JavaScript中，函数可以通过多种方式进行定义。常见的函数定义方式有：函数声明、函数表达式及箭头函数方式定义。

视频：函数定义

1. 函数声明

函数声明是JavaScript中定义函数的一种常见方式。允许在任何地方声明函数，并且函数可以在声明之前被调用。示例代码如下：

```
function sumArray(arr) {
    var sum = 0;
    for(var i = 0,aLength = arr.length; i < aLength; i++) {
        sum += arr[i];
    }
    return sum;
}
 var arr1 = [1,2,3,4,5];
 console.log(sumArray(arr1))            // 输出结果为 15
```

2. 函数表达式

函数表达式是JavaScript中定义函数的另一种方式，它允许将一个函数赋值给一个变量或常量。函数表达式在代码执行到它们所在的位置时才会创建函数。示例代码如下：

```
let funName = function(a,b){
    return a>b?a:b
}
console.log(funName(3,5))            // 输出结果为 5
```

函数表达式是一种灵活的函数定义方式，特别适用于需要在不同的上下文中使用函数、需要根据条件定义函数或需要创建递归函数的情况。

3. 箭头函数

箭头函数是ES6（ECMAScript 2015）引入的一种更简洁的函数定义方式。它们提供了更短的语法，适用于那些具有简单逻辑的函数。箭头函数的基本语法如下：

```
const functionName = (parameters) => {
    // 函数体
};
```

利用箭头函数方式定义jfun函数，示例代码如下：

```
const jfun = (a,b)=> {
    return a*a+b*b
}
console.log(jfun(30,50))            // 输出结果为 3400
```

注意： 箭头函数没有 this 值，在某些上下文中与传统函数定义方式有所不同。

7.3.2 函数调用

视 频

函数调用

在JavaScript中，函数调用是指执行已经定义的函数并传递相应的参数。函数调用可以通过函数名和一对括号来完成。 如果函数需要参数，将参数按照定义的顺序放在括号内，用逗号分隔。示例代码如下：

```
<body>
 <div>
     <input type="number" name="" id="x1" onblur="count()"><span>&times/
span>
     <input type="number" name="" id="x2" onblur="count()">&equals;
     <input type="text" disabled id="result">
 </div>
 <script>
```

```
    function count(){
        let xValue1 = document.getElementById('x1');
        let xValue2 = document.getElementById('x2');
        let resValue = document.getElementById('result');
        return resValue.value = xValue1.value*xValue2.value
    }
  </script>
</body>
```

【代码解析】这段代码片段创建了一个简单的乘法计算器。当用户在两个输入框中输入数字并失去焦点时，自动调用JavaScript函数count()计算这两个数字的乘积，并将结果显示在另一个输入框中。示例效果如图7-7所示。

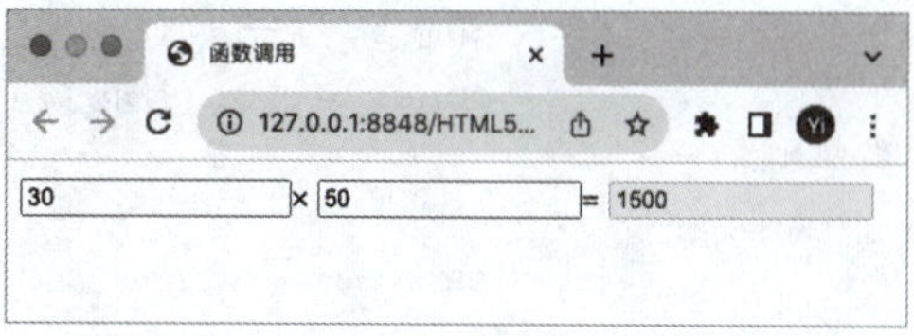

图 7-7　乘法计算器效果

7.3.3　函数参数

1. 实参对象

视 频

实参对象

在JavaScript中，函数可以接受参数。当函数被调用时，传递给函数的参数被称为实参（arguments）。这些实参可以在函数内部使用，以便在函数中执行特定的操作。JavaScript 还提供了一个名为arguments的特殊对象，它表示传递给函数的所有实参。

arguments对象是一个类数组对象，它包含了传递给函数的所有实参，以及一些方法来处理这些实参。arguments对象的一些基本信息如下：

①获取实参：arguments对象的索引从0开始，可以通过索引访问传递给函数的实参。例如，arguments[0]表示第一个实参，arguments[1]表示第二个实参，依此类推。

②实参数量：arguments.length属性表示传递给函数的实参的数量。

③类数组对象：arguments对象类似于数组，但它不是真正的数组。它没有数组的所有方法，但可以通过索引访问其中的元素。

实参对象示例代码如下：

```
<script>
    // JavaScript 的实参个数是可以不确定的
    function getSum() {
        var aLength = arguments.length;
        var sum=0;
        for(var i = 0; i < aLength; i++) {
            sum += arguments[i];
            console.log('第'+(i+1)+'个参数'+'是：'+arguments[i]) // 输出所有实参数组元素
        };
        return sum; //返回实参的求和
    }
    console.log(getSum(1, 2, 3, 4,5))        // 输出 15
    console.log(getSum('a','b'))             // 输出 0ab

    console.log(getSum(['a','b','c'])) // 输出 0a,b,c
</script>
```

arguments对象可以用来处理不定数量的实参，此外也可以使用更具有可读性和灵活性的剩余参数语法“...args”来实现相同的功能。三个点“...”称为扩展操作符，用来收集所有传递给args的实参。上述代码可以改写为如下代码：

```
<script>
    function getSum(…args) {
        let sum=0;
        for(let i = 0; i < args.length; i++) {
            sum += args[i];
            console.log('第'+(i+1)+'个参数'+'是: '+args[i]) // 输出所有实参数组元素
        };
        return sum;                            // 返回实参的求和
    }
    console.log(getSum(1, 2, 3, 4,5))          // 输出 15
    console.log(getSum('a','b'))               // 输出 0ab
    console.log(getSum(['a','b','c']))         // 输出 0a,b,c
</script>
```

2. 对象作为参数

视频

对象作为参数

在JavaScript中，可以将对象作为函数的参数传递，函数内部操作和访问对象的属性，从而实现更灵活的功能。将对象作为参数传递给函数时，实际上是将对象的引用传递给函数，所以函数可以修改对象的属性值。示例代码如下：

```
<script type="text/javascript">
    // 定义对象
    myObj1 = {
        name: "辽宁舰",
        date: '2012',
        number: 16,
        go: function(){
            document.write('<h3>我是'+this.name+', 前进，前进，前进</h3>');
        }
    }
    myObj2 = {
        name: "山东舰",
        date: '2017',
        number: 17,
        go: function(){
            document.write('<h3>我是'+this.name+', 前进，到达左侧指定地点</h3>');
        }
    }
    myObj3 = {
        name: "福建舰",
        date:'2022',
        number:18,
        go: function(){
            document.write('<h3>我是'+this.name+', 前进，到达右侧指定地点</h3>');
        }
```

```
        }
        // 对象 obj 作为参数
        function myFunction(obj) {
            let info = obj.name+obj.date+'服役'+"-舷号"+obj.number;
        document.write(info);
        obj.go();
    }
    // 调动函数，传入对象
    myFunction(myObj1); // 输出 myObj1
    myFunction(myObj2); // 输出 myObj2
    myFunction(myObj3); // 输出 myObj3
    </script>
```

上面的代码定义了三个对象myObj1、myObj2和myObj3。每个对象都有name、date、number属性和一个名为go的方法。这些对象模拟了不同的军舰，每个军舰都有不同的属性和动作。通过多次调用myFunction并传递不同的对象作为参数，可以展示不同军舰的信息和动作。示例效果如图7-8所示。

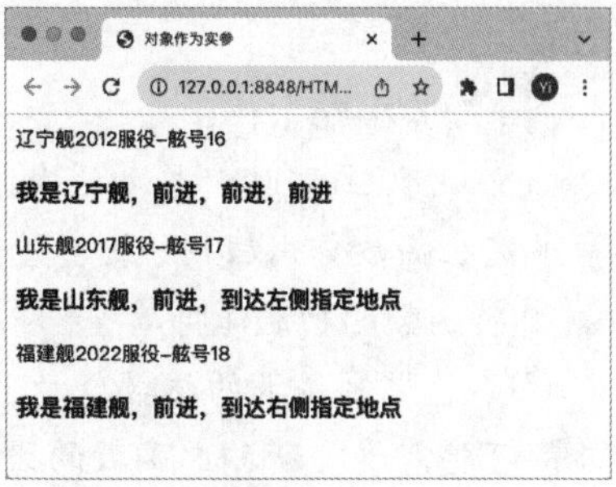

图 7-8 对象作为参数示例效果

素养园地

大国重器——中国国产航母的发展之路

中国国产航母的发展之路是一个长期且复杂的过程，经历了多个阶段和关键的里程碑。

1. 探索和研究阶段

1985 年，中国国务院批准了有关国产航母的研究和论证工作，标志着中国正式开始探索发展国产航母的可能性。1993 年，中国开始着手进行有关航母技术的研究和试验。

2. 取得航母外壳

2002 年，中国购买了从乌克兰购得的未完工的苏联式航空母舰“瓦良格”，作为国产航母的起点。2012 年，经过改装和改造，中国第一艘国产航母“辽宁号”正式服役。

3. 国产航母建造阶段

2013 年，中国开始自主设计和建造国产航母。这一阶段的航母在设计上引入了一些创新和改进。2017 年，中国第二艘国产航母“山东号”下水。2020 年，中国第三艘国产航母“福建号”下水。

4. 技术进步和自主创新

中国国产航母的建造过程中，涉及了大量的技术创新和自主研发。这些创新不仅体现在航母的设计和建造上，还包括了相关的设备和技术。

5. 提升舰载机能力

国产航母的成功运营也推动了中国舰载机的发展。中国陆续开发了适用于航母的舰载机型号，如歼 -15、歼 -35 等。

6. 海上试验和训练

国产航母进入服役后，中国海军开始进行各种海上试验、训练和演习，以逐步提升其作战能力。

7. 未来展望

中国正在继续研发和建造更多的国产航母，以进一步提升其海上实力和军事影响力。这些国产航母的设计和技术可能会在各个方面得到改进，以更好地满足中国国防的需求。

总体而言，中国国产航母的发展之路是中国海军现代化的重要组成部分。通过自主研发、创新和技术提升，中国逐步实现了航母建造和运营的能力，这对于维护国家海洋权益、保障国家安全以及提升国际地位具有重要意义。

经验小贴士：

①在定义函数时，尽量避免在全局作用域中声明变量。使用 var、let 或 const 关键字将变量限定在函数作用域内，避免全局污染。

②将函数的功能保持单一，即每个函数应该只做一件事情。这有助于代码的可读性和维护性。

③尽量限制函数的参数数量，以免参数过多导致调用和维护的困难。如果函数需要大量参数，可能需要重新考虑函数的设计。

④每个函数应该有明确的返回值，以便函数的调用者了解函数执行的结果。在函数中使用 return 语句返回值。

单元四 综合实践——制作网页计算器

7.4.1 JavaScript异常处理

JavaScript异常处理是一种机制，用于在程序执行过程中捕获和处理错误，以避免程序崩溃或产生未预期的行为。异常处理可以让程序员在代码中识别和处理错误情况，以提高代码的健壮性。

1. 错误类型

JavaScript中的错误可以分为不同的类型，如语法错误、运行时错误和逻辑错误。常见的错误类型包括SyntaxError（语法错误）、TypeError（类型错误）、ReferenceError（引用错误）、RangeError（范围错误）、Error（通用错误）等。

2. try...catch语句

使用try和catch语句可以捕获异常并执行相应的处理。try块中包含可能抛出异常的代码，而catch块用于捕获异常并处理它。语法结构如下：

```
try {
    // 可能抛出异常的代码
} catch (error) {
    // 处理异常的代码
}
```

当执行到try块中的代码时，JavaScript会监视是否发生了异常。如果在try块中的代码引发了异常，控制权会立即转移到相应的catch块。catch块中的参数（通常命名为error）用于捕获异常对象，以便在块内部处理异常。在catch块中，可以根据异常类型、错误消息等来执行适当的错误处理。具体示例代码如下：

```
<script>
    try {
        console.lo("JavaScript");   // 设计一个语法错误
    }catch(err) {
        window.alert(" 发生错误，错误信息: "+err);
    }
</script>
```

在本示例中，异常信息通过弹框输出。从输出的异常信息来看，程序找到了异常为类型错误，并输出“TypeError: console.lo is not a function”。

3. 抛出错误

通过使用throw语句，可以在代码中显式地引发异常，从而在适当的地方捕获和处理这些异常。示例代码如下：

```
function divide(a, b) {
    if(b === 0) {
        throw new Error(" 除数不能为零 ");
    }
    return a / b;
}
try {
    console.log(divide(10, 0));
} catch(error) {
    console.error(" 捕获到错误 :", error.message);
}
```

函数divide()定义了一个除法操作，接受两个参数a和b。如果b的值为0，那么函数会通过throw语句抛出一个自定义的Error对象，其中包含错误消息“除数不能为零”。在try块内部，尝试调用divide()函数并传入参数10和0。由于分母为0，会触发throw语句，抛出一个错误对象。在catch块内部，捕获异常，并使用error.message输出错误消息，在控制台输出，如图7-9所示。

图 7-9　控制台输出抛出的错误信息

4. finally语句

finally块可以在try...catch语句之后添加，用于定义无论是否发生异常都会执行的代码块。这对于释放资源或执行清理操作非常有用。示例代码如下：

```
function divide(a, b) {
```

```
        try {
            if(b === 0) {
                throw new Error("除数不能为零");
            }
            return a / b;
        } catch(error) {
            console.error("捕获到错误:", error.message);
            return "发生错误";
        } finally {
            console.log("最终都会执行的清理操作");
        }
    }
    console.log(divide(10, 2));  // 正常除法操作，输出5
    console.log(divide(10, 0));  // 除数为零，触发异常，输出错误消息和最终代码
```

第一次正常执行divide(10, 2)时，无异常抛出；第二次执行divide(10, 0)时，抛出异常。但两次都会同时也执行finally代码块中的语句，控制台打印输出“最终执行的清理操作”。执行后控制台输出效果如图7-10所示。

请扫描下方二维码观看异常处理的示例教学视频。

视频
异常处理

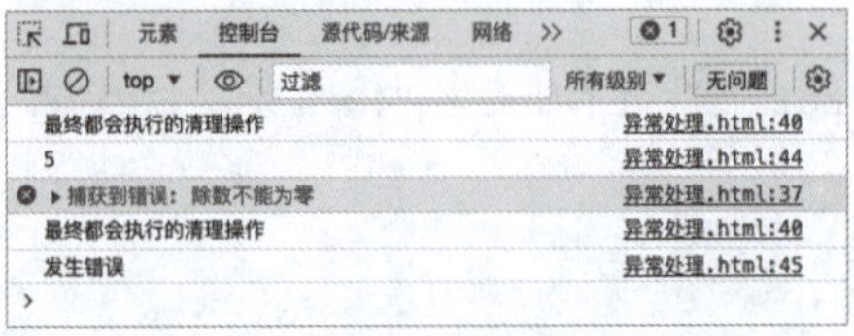

图 7-10　finally 语句执行输出效果

7.4.2 任务实践

【任务背景】网页计算器具有灵活、便捷的特性，可以进行基本的数学运算，包括加法、减法、乘法和除法。可以根据用户需要轻松改变界面外部效果，通过点击数字按钮、操作符按钮和等号按钮来输入表达式并获取计算结果。计算器应支持一次计算一个表达式。如果表达式格式不正确，或者出现除数为零等情况，计算器应能够给出合适的错误提示。

【任务要求】制作一个简单的JavaScript网页计算器，通过HTML、CSS实现数字符号、运算符及输出结果栏的布局，通过JavaScript来实现加、减、乘、除运算及归零功能。使用try...catch语句来捕获可能出现的异常，以便提供更友好的用户体验。计算器的整体效果如图7-11所示。

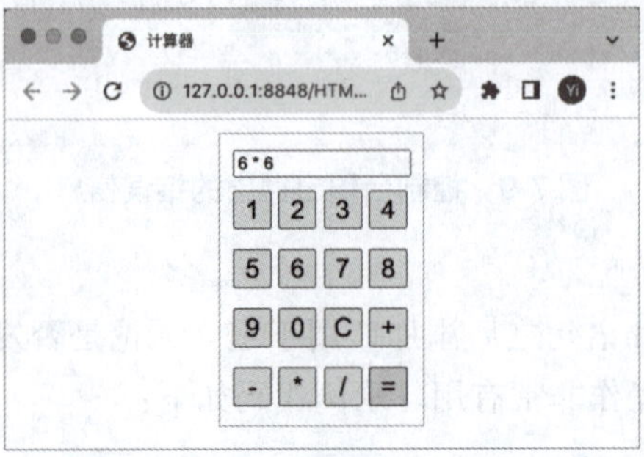

图 7-11　网页计算器页面的示例效果

视频
任务实践——制作网页计算器

【任务实施】

1. 结构代码

网页计算器页面的结构参考代码如下：

```
<div class="calculator">
    <input type="text" id="result" readonly>
    <input type="button" value="1" onclick="appendNumber(1)">
    <input type="button" value="2" onclick="appendNumber(2)">
    <input type="button" value="3" onclick="appendNumber(3)">
    <input type="button" value="4" onclick="appendNumber(4)">
    <input type="button" value="5" onclick="appendNumber(5)">
    <input type="button" value="6" onclick="appendNumber(6)">
    <input type="button" value="7" onclick="appendNumber(7)">
    <input type="button" value="8" onclick="appendNumber(8)">
    <input type="button" value="9" onclick="appendNumber(9)">
    <input type="button" value="0" onclick="appendNumber(0)">
    <input type="button" value="C" onclick="clearResult()">
    <input type="button" value="+" onclick="appendOperator('+')">
    <input type="button" value="-" onclick="appendOperator('-')">
    <input type="button" value="*" onclick="appendOperator('*')">
    <input type="button" value="/" onclick="appendOperator('/')">
    <input type="button" value="=" onclick="calculate()">
</div>
```

【代码解析】创建一个类名为“calculator”的div元素，作为计算器的容器。在容器内部，有一个只读的文本输入框result用于显示计算结果。其余按钮使用input元素的type="button"来创建。每个按钮都有一个onclick属性，通过该属性指定点击按钮时要调用的函数。当用户点击“等号”按钮时，将会执行calculate()函数计算结果。

2. 样式代码

网页计算器页面的样式参考代码如下：

```
<style>
    #result {
        width: 95%;
    }
    .calculator {
        box-sizing: border-box;
        width: 160px;
        padding: 10px;
        margin: 10px auto;
        border: 1px solid #ccc;
    }
    .calculator input[type="button"] {
        width: 30px;
        height: 30px;
        margin-top: 10px;
        margin-bottom: 5px;
        font-size: 20px;
    }
</style>
```

【代码解析】设置了id为result的输入框的宽度为 95%。这样设置可以使计算结果显示框占据父容器的大部分宽度。设置calculator类的容器样式为box-sizing: border-box; 用于保持元素的宽度和高度包括内边距和边框，而不会增加总尺寸。设置了容器的宽度为 160 px，内、外边距为10 px，使其在水平方向上居中。选择了所有type属性为“button”的input元素，设置按钮宽度和高度都为30 px。设置按钮顶部的外边距为10 px，以调整按钮之间的垂直间距。设置按钮底部的外边距为5 px，以调整按钮与文本输入框的垂直间距。设置按钮的字体大小为20 px。

3. 脚本代码

实现计算器功能的脚本代码如下：

```
<script>
    let calculation = '';
    function appendNumber(number) {
        calculation += number;
        document.getElementById('result').value = calculation;
    }
    function appendOperator(operator) {
        calculation += ' ' + operator + ' ';
        document.getElementById('result').value = calculation;
    }
    function clearResult() {
        calculation = '';
        document.getElementById('result').value = '';
    }
    function calculate() {
        try {
            const result = eval(calculation);
            document.getElementById('result').value = result;
            calculation = result.toString();
        } catch(error) {
            document.getElementById('result').value = 'Error';
        }
    }
</script>
```

【代码解析】在全局范围内声明了一个名为calculation的变量，用于存储用户输入的计算表达式。设计了函数appendNumber()用于追加数字，appendOperator()用于追加操作符，clearResult()用于清除结果，calculate()用于执行计算。使用eval()函数来执行用户输入的表达式。通过 try...catch块捕获了异常，并将“Error”显示在结果文本框中。

经验小贴士：

①由于 eval() 函数可以执行任意的 JavaScript 代码，它可能会引发安全风险。恶意用户可以通过构造恶意代码来访问敏感数据、执行恶意操作或者破坏应用程序的安全性。因此，在实际开发中，应避免将不受信任的输入传递给 eval() 函数。

②尽量避免使用过于宽泛的 catch 语句，如捕获所有的 Error 类型。过于宽泛的捕获可能会隐藏掉真正的问题并导致调试困难。

小 结

本模块涵盖了JavaScript的基础知识，包括变量、数据类型、运算符、数组、函数以及异常处理等内容。详细讲解了变量的声明与作用域，常见的数据类型（如数字、字符串、布尔值、数组、对象等），以及各种运算符的使用方法。此外，本模块还深入探讨了数组的定义、操作和遍历方法，函数的定义与调用，参数传递，以及异常处理机制。

本模块通过示例代码展示了如何通过控制台输出、页面输出、弹框等方式与用户进行交互。详细介绍了数组的创建、读取、写入、添加和删除元素的操作，以及如何使用forEach()、map()、filter()等方法遍历和操作数组。在函数部分，讲解了函数声明、函数表达式、箭头函数的定义方式，以及如何通过arguments对象处理不定数量的参数。最后，本模块通过一个网页计算器的综合实践案例，展示了如何结合HTML、CSS和JavaScript实现一个简单的计算器，并通过try...catch语句处理异常，提升用户体验。

习 题 7

一、单项选择器

1. 下列关于JavaScript中“+”的用法说法中，错误的是（　　）。

A. 可以用于加法运算　　B. 不可以转换数据类型

C. 可以链接字符串　　D. 可以是立即执行函数的符号

2. 在JavaScript中，下列代码的执行结果不正确的是（　　）。

A. Math.max(3,4,5)返回5　　B. Math.abs(-9)返回9

C. Math.floor(3.5)返回3　　D. Math.ceil(4.2)返回4

3. 在JavaScript中，下面关于this描述的选项正确的是（　　）。

A. 在使用new实例化对象时，this指向这个实例对象

B. 当对象调用函数或者方法时，this指向这个对象

C. 严格模式下，this指向window

D. 在任何情况下this指向一旦确定就不能修改

4. JavaScript中，以下变量命名不正确的是（　　）。

A. $box　　B. _box　　C. box　　D. -box

5. console.log((function f(n){ return ((n>1) ? n * f(n-1) : n)}) f(10))，在控制台输出的结果是（　　）。

A. 3628800　　B. 10　　C. undefined　　D. 以上都不对

二、多项选择题

1. 在JavaScript中，下列有关于自定义函数的说法，正确的是（　　）。

A. 自定义函数的关键字是“function”

B. 自定义函数必须带有参数

C. 自定义函数被调用时接受的参数可以是常量、变量或其他表达式

D. 自定义函数返回结果的关键字是“return”

2. 在JavaScript中，下列属于鼠标响应事件的是（　　）。

A. Onmouseover　　B. onmouseout　　C. onkeydown　　D. onmousedown

3. 下列选项中，（　　）方法是JavaScript中的数组操作方法。

A. map()　　B. filter()　　C. reduce()　　D. slice()

4. 下列选项中，（　　）方法用于将数组转换为字符串。

A. join()　　B. toString()　　C. slice()　　D. concat()

5. JavaScript中的变量声明方式有（　　）。

A.var　　B. let　　C. const　　D. function

三、判断题

1. JavaScript中的变量名对大小写敏感。（　　）

2. JavaScript中的slice()方法会修改原始数组。（　　）

3. JavaScript中的forEach()方法可以用来遍历数组并执行指定操作。（　　）

4. 使用push()方法可以从数组的开头添加元素。（　　）

5. JavaScript中的concat()方法用于将两个或多个数组合并成一个新数组。（　　）

模块八 JavaScript应用

学习目标

◎理解字符串的索引和长度属性；

◎理解字符串处理函数，如indexOf()、lastIndexOf()、charAt()、substring()、slice()、toLowerCase()及toUpperCase()等；

◎了解字符串处理函数与数组处理函数的异同；

◎掌握DOM元素获取的各种方法及元素创建、插入、删除和替换的相关方法；

◎了解如何控制浏览器窗口的大小和位置；

◎理解一般定时器（setTimeout）和循环定时器（setInterval）的原理，掌握其使用方法；

◎掌握location对象的相关属性和方法；

◎掌握获取和设置Date对象中的日期、时间、年份、月份；

◎掌握Date对象中的日期和时间的格式化方法；

◎理解Date对象日期的计算、比较和操作的原理与方法。

单元一　字符串操作

8.1.1　字符串处理函数

在实际项目中，经常要对字符串进行处理。与数组处理函数类似，JavaScript提供了一系列内置函数来操作和转换字符串。

视频　字符串处理函数

1. indexOf()函数

indexOf()是JavaScript字符串对象的一个函数，用于查找指定子字符串在原字符串中的位置索引。它返回第一个匹配的子字符串的索引值，如果没有找到则返回-1。示例代码如下：

```
let short = "ab";
let long = "aabccccaab";
let mix = "cdef";
let x1 = long.indexOf(short);          // 返回 1
```

```
let x2 = long.indexOf(short, 4);      // 返回 8
let x3 = long.indexOf(mix);           // 返回 -1
```

关于indexOf()函数，需要注意以下事项：

①indexOf()是区分大小写的，意味着它将区分大小写来寻找匹配。

②如果需要查找多次匹配，可以通过在循环中使用indexOf()函数来实现。

③如果需要判断字符串中是否包含子字符串，可以根据返回的索引值是否大于等于0来判断。

2. lastIndexOf()函数

与indexOf()函数相反，lastIndexOf()函数用于查找指定子字符串在原字符串中最后一次出现的位置索引。它从字符串的末尾开始搜索，并返回最后一个匹配的子字符串的索引值。如果没有找到则返回−1。示例代码如下：

```
let short = "ab";
let long = "aabccccaab";
let x4 = long.lastIndexOf(short);            // 返回 8
let x5 = long.lastIndexOf(short, 4);         // 返回 1
let x6 = long.lastIndexOf(mix);              // 返回 -1
```

关于lastIndexOf()函数，需要注意以下事项：

①lastIndexOf()函数也是区分大小写的。

②在较长的字符串中多次使用 lastIndexOf()函数可能会影响性能，因为它需要从末尾向前搜索。

3. charAt()函数

charAt()函数用于获取字符串中指定索引位置的字符。它返回指定索引位置的字符，索引从0开始计数。示例代码如下：

```
let str = "abcdefg";
let x7 = str.charAt(0);                      // 输出 a
let x8 = str.charAt(str.length - 1);         // 输出 g
```

关于charAt()函数，需要注意以下事项：

①字符串的索引从0开始，即第一个字符的索引是0。

②如果指定的索引位置超出了字符串的有效范围，charAt()函数将返回一个空字符串。

4. slice()函数

slice()函数是用于从原字符串中提取子字符串，可以指定开始和结束索引位置。语法格式如下：

```
string.slice(startIndex[, endIndex])
```

参数startIndex指提取子字符串的起始索引位置。参数endIndex（可选）指提取子字符串的结束索引位置（不包括该索引对应的字符），如果省略该参数，将提取到字符串的末尾。示例代码如下：

```
let str2 = "0123456789";
let x9 = str2.slice(0, 4);            // 输出 0123
let x10 = str2.slice(3);              // 输出 3456789
let x11 = str2.slice(-3);             // 输出 789
let x12 = str2.slice(-5, -2);         // 输出 567
```

关于slice()函数，需要注意以下事项：

①slice()不修改原始字符串，而是返回一个新的子字符串。

②负数索引会从字符串的末尾开始计数。例如，slice(-4)表示提取倒数第4个字符到字符串末尾的子字符串。

③如果startIndex大于等于endIndex，则返回空字符串。

④如果startIndex或endIndex超出字符串的有效范围，slice()函数会自动将它们调整到有效的索引位置。

⑤在数组中也有类似的slice()方法，用于提取子数组。

5. substring()函数

substring()函数用于从原字符串中提取子字符串。与slice()函数类似，但有一些区别。其语法格式如下：

```
string.substring(startIndex[, endIndex])
```

参数startIndex指提取子字符串的起始索引位置。参数endIndex（可选）指提取子字符串的结束索引位置（不包括该索引对应的字符），如果省略该参数，将提取到字符串的末尾。示例代码如下：

```
let str2 = "0123456789";
let x13 = str2.substring(0, 4);                // 输出 0123
let x14 = str2.substring(-1, 4);               // 输出 0123
let x15 = str2.substring(4, 0);                // 输出 0123
```

关于substring()函数，需要注意以下事项：

①substring()函数不修改原始字符串，而是返回一个新的子字符串。

②如果startIndex大于endIndex，substring()函数会自动交换它们，确保正确的提取顺序。

③负数索引会被视为 0，因此 substring(-4)会返回从索引位置0开始的子字符串。

④如果startIndex或endIndex超出字符串的有效范围，substring()函数会自动将它们调整到有效的索引位置。

⑤substring()函数与slice()函数在大多数情况下是相似的，但在处理负数索引和一些边界情况时可能会有不同的行为。

6. substr()函数

substr()函数用于从原字符串中提取子字符串。与slice()和substring()函数类似，但有一些区别。语法格式如下：

```
string.substr(startIndex[, length])
```

参数startIndex指提取子字符串的起始索引位置。参数length（可选）指提取的子字符串的长度，如果省略该参数，将提取从startIndex开始的剩余部分。示例代码如下：

```
let str2 = "0123456789";
let x16 = str2.substr(3);                      // 输出 3456789
let x17 = str2.substr(3, 2);                   // 输出 34
let x18 = str2.substr(-2);                     // 输出 89
```

关于substr()函数，需要注意以下事项：

①substr()函数不修改原始字符串，而是返回一个新的子字符串。

②substr()函数中的length参数表示子字符串的长度，而不是结束索引位置。因此，与slice()和substring()函数不同，substr()函数不需要提供结束索引位置。

③负数索引会从字符串的末尾开始计数。例如，substr(-4)表示提取倒数第4个字符到字符串末尾的子字符串。

④如果startIndex或length超出字符串的有效范围，substr()函数会自动将它们调整到有效的索引位置。

7. toLowerCase()与toUpperCase()函数

toLowerCase()方法是编程中常用的函数，用于将给定的文本字符串转换为小写字母形式。toUpperCase()方法是将字符串中的所有字符都转换为大写形式。这在标准化输入、进行大小写不敏感的比较或格式化输出时非常有用。示例代码如下：

```
let upperStr = "aBCdefgHi";
let lowerStr = upperStr.toLowerCase();     // 输出 'abcdefghi'
let toUpcaseStr = upperStr.toUpperCase();  // 输出：'ABCDEFGHI'
```

toLowerCase()和toUpperCase()方法都不会修改原始字符串，而是返回一个新的字符串，其中包含所有字符都转换为小写或大写的副本。

8. split()函数

split()函数是用于将字符串拆分成子字符串数组的内置方法。它允许根据指定的分隔符将一个字符串分成多个部分，并将这些部分存储在数组中。语法格式为：

```
str.split(separator, limit)
```

参数separator为指定的分隔符，用于确定在哪里拆分字符串（可以是一个字符串，也可以是一个正则表达式），如果未提供分隔符，split()函数将会将整个字符串作为单个元素添加到数组中。参数limit（可选）为一个整数，用于指定返回的数组的最大长度。如果指定了该参数，数组将最多包含limit个元素，而超出的部分将被忽略。示例代码如下：

```
var str3 = "12304560789";
let arr1 = str3.split("");           // 返回 ['1', '2', '3', '0', '4', '5',
'6', '0', '7', '8', '9']
let arr2 = str3.split("0");          // 返回 ["123","456","789"];
let arr3 = str3.split("0", 2);       // 返回 ["123","456"];
```

split()函数在处理文本数据、解析用户输入或处理CSV（逗号分隔值）等格式时非常有用。它可以将字符串转换为数组，方便进一步处理和操作。

8.1.2　数组与字符串处理方法比较

JavaScript提供的处理数组和字符串的方法有很多是相同的，容易混淆，对相关方法进行归类整理，详细描述见表8-1。

表 8-1　数组和字符串的处理方法对比

功　能	数组处理方法	字符串处理方法
长度	aray.length	string.length
访问元素	array[index]	string[index]
遍历	array.forEach(callback)	string.forEach(callback)

续表

功　能	数组处理方法	字符串处理方法
映射	array.map(callback)	string.split('').map(callback)
过滤	array.filter(callback)	—
连接	array.join(separator)	—
截取	array.slice(start, end)	string.slice(start, end)
合并	array.concat(array2)	string.concat(string2)
查找元素	array.indexOf(element)	string.indexOf(substring)
替换	array.splice(index, 1, element)	string.replace(oldValue, newValue)
排序	array.sort()	—
反转	array.reverse()	—
转换为字符串	array.toString()	string.toString()

数组主要用于存储多个相关或类似的数据元素，而字符串用于存储文本内容。它们在处理和操作上有许多区别，主要如下：

①数组通常用于存储一组相关的元素，如数字、对象、其他数组等。字符串通常用于存储文本内容，如句子、单词、文件内容等。

②数组是可变的，可以通过改变元素值、添加元素或删除元素来修改数组。字符串是不可变的，一旦创建，就不能直接修改字符串中的字符。任何对字符串的修改都会创建一个新的字符串。

③数组具有一些特有的属性和方法，如length属性用于获取数组长度，以及push()、pop()、shift()、unshift()、concat()、join()、splice()等方法用于操作和修改数组内容。字符串具有一些特有的属性和方法，如length属性用于获取字符串长度，以及indexOf()、slice()、replace()、toLowerCase()、toUpperCase()等方法用于操作和处理字符串内容。

④数组通常使用循环（如for、forEach等）进行遍历，并且可以通过索引直接修改元素。字符串也可以使用循环遍历，但字符的不可变性意味着不能直接修改字符串中的字符。字符串的某些操作可能需要将其转换为字符数组进行操作。

经验小贴士：

①在拼接字符串时，尽量使用数组的 join() 方法或模板字符串（ES6 中的字符串插值）而不是简单地使用“+”运算符，因为后者可能导致性能问题。

②在 ES6 中，引入了字符串模板，它可以在字符串中插入表达式，使得字符串的构建更加清晰和灵活。

③如果需要对字符串进行多次修改，可能更好将其转换为字符数组，进行操作，然后再将其转换回字符串。这可以避免字符串不可变性导致的额外开销。

单元二　文档对象模型 DOM

8.2.1　认识DOM

1. 什么是DOM

document object module，简称DOM，中文名为文档对象模型。在网页上，组成页面（又称文档）的一个个对象被组织在树形结构中，用这种结构表示它们之间的层次关系，表示文档中对象的标准模型就称为DOM。

DOM的作用是给HTML文档提供一个标准的树状模型，这样开发人员就能够通过DOM提供的接口去操作HTML里面的元素。

2. DOM节点树

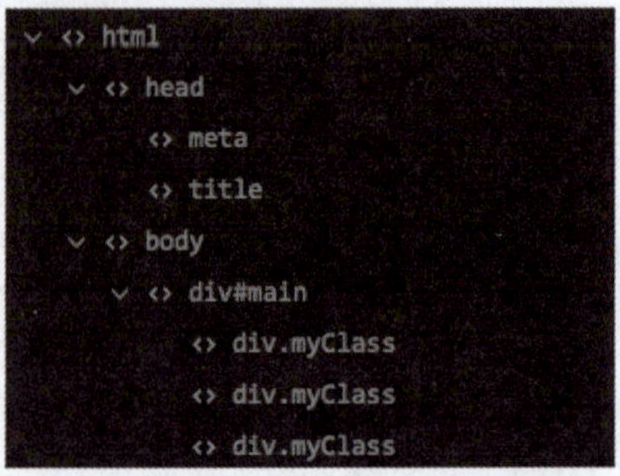

图 8-1　文档节点树示例

DOM（文档对象模型）是一种用于处理HTML和XML文档的编程接口。它将文档解析为一个由节点（节点是文档中的元素、属性、文本等）组成的树结构，使开发者可以使用编程语言（如JavaScript）来操作文档的内容、结构和样式。DOM节点是树中的每个元素、属性、文本等单元。从代码的缩进可以知道，文档元素之间有层次关系，所有节点构成了一棵树状，称为节点树，如图8-1所示。

图8-1和数据结构中树的概念类似，被称为节点树。<html>是根节点，网页的所有文档元素都在里面，<head>和<body>是两个子节点，分别存储网页标题有关内容和网页的主体部分。DOM节点在树结构中的层次关系如下：

①文档节点（Document Node）：整个文档的根节点<html>。

②元素节点（Element Node）：标签元素如<div>、<p>等。

③属性节点（Attribute Node）：元素的属性，如class、id等。

④文本节点（Text Node）：元素的文本内容。

⑤注释节点（Comment Node）：HTML中的注释内容。

⑥其他类型的节点：还有其他类型的节点，如处理指令、CDATA节点等。

使用JavaScript，可以通过DOM来操控和操作HTML文档的内容和结构。一些常见的操作包括：

①访问和修改节点内容：可以访问和修改元素节点的文本内容和属性。

②添加、删除节点：可以通过DOM操作添加新的节点，也可以删除节点。

③修改样式和类名：可以通过修改元素的类名和样式来改变元素的外观。

④事件处理：可以为DOM元素添加事件监听器，以便在事件发生时执行相应的操作。

视频　节点获取方法

8.2.2　节点获取方法

在JavaScript中，可以使用不同的方式来获取DOM中的节点。方法详细描述见表8-2。

表 8-2　JavaScript 获取节点的方法

方　法	描述和用途
document.getElementById(id)	通过元素的 ID 获取一个节点
document.getElementsByClassName(class)	通过元素的 class 获取所有的节点
document.getElementsByTagName(tag)	通过元素标签名获取所有匹配的节点
document.querySelector(selector)	通过 CSS 选择器获取第一个匹配的节点
document.querySelectorAll(selector)	通过 CSS 选择器获取所有匹配的节点
node.textContent	获取或设置节点的文本内容
node.innerHTML	获取或设置节点的 HTML 内容

示例结构代码如下：

```
<body>
    <div id="main">
        <div class="myClass"> 文本 1</div>
        <div class="myClass"> 文本 2</div>
        <div class="myClass"> 文本 3</div>
        <p> 我是文本 4</p>
        <p> 我是文本 5</p>
    </div>
</body>
```

对于以上结构代码，可以采用多种JavaScript节点获取方式对DOM节点进行获取。

1. 通过id获取元素节点

可以使用元素的唯一id来获取相应的元素节点，示例代码如下：

```
let item1 = document.getElementById('main')
```

以上代码获取了id为“main”的节点，item1的值为整个id为“main”的代码块，包含子元素。

2. 通过类名获取元素列表

可以通过元素的类名获取一组元素节点，示例代码如下：

```
let item2 = document.getElementsByClassName('myClass')
```

通过类名获取，返回是一个数组。以上代码获取了类名为“myClass”的所有节点，item2的值为：[div.myClass, div.myClass, div.myClass]。

3. 通过标签名获取元素列表

可以通过元素的标签名获取一组元素节点，示例代码如下：

```
let item3 = document.getElementsByTagName('div')
```

通过标签获取节点，也返回一个数组。以上代码获取标签名为div的所有节点，item3的值为数组：[div#main, div.myClass, div.myClass, div.myClass, main: div#main]。

4. 使用查询选择器获取元素

使用CSS选择器语法可以更灵活地获取元素节点。querySelector()函数将返回第一个匹配的节点，而querySelectorAll()函数将返回所有匹配的节点列表。示例代码如下：

```
let item4 = document.querySelector(".myClass").innerHTML;
let item5 = document.querySelectorAll(".myClass");
let item6 = document.querySelector("p").innerHTML;
let item7 = document.querySelectorAll("div");
let item8 = document.querySelector("#main");
let item9 = document.querySelectorAll("p");
```

item4获取了类名为“myClass”的第一个节点中的HTML 内容，值是“文本1”。item5获取了所有类名为“myClass”的节点，返回值为数组[div.myClass, div.myClass, div.myClass]。item6获取了第一个标签<p>节点中的HTML内容，其值为“我是文本4”。item7获取所有div节点，返回值为数组[div#main, div.myClass, div.myClass, div.myClass]。item8获取id为“main”的节点，返回值为div#main。item9获取所有的<p>标签元素，返回值为数组[p, p]。

视 频

节点操作方法

8.2.3 节点操作方法

在实际项目中，会利用JavaScript操作节点，包括创建节点、删除节点、插入节点和删除节点等操作，详细描述见表8-3。

表 8-3 JavaScript 操作节点的方法

方 法	描述和用途
node.setAttribute(attributeName, value)	设置节点的属性值
node.removeAttribute(attributeName)	删除节点的指定属性
document.createElement(tagName)	创建一个新的 HTML 元素节点
parentNode.appendChild(node)	将一个节点添加为父节点的最后一个子节点
parentNode.insertBefore(newNode, refNode)	在参考节点之前插入新节点
node.parentNode.removeChild(node)	从父节点中删除一个子节点
node.style.property = value	设置节点的 CSS 样式属性
node.classList.add(className)	添加一个类名
node.classList.remove(className)	移除一个类名
node.classList.toggle(className)	切换类名的存在
node.addEventListener(event, handler)	添加事件监听器
node.removeEventListener(event, handler)	移除事件监听器

JavaScript操作节点操作的示例结果代码如下：

```
<button onclick="create()">appendChild 创建并添加节点 </button>
<button onclick="create2()">insertBefore 创建并添加节点 </button>
<button onclick="del()">removeChild 删除子节点 </button>
<button onclick="replace()">replaceChild 替换子节点 </button>
<ul id="river">
    <li> 长江 </li>
    <li id="huanghe"> 黄河 </li>
    <li> 黑龙江 </li>
    <li> 珠江 </li>
    <li> 松花江 </li>
</ul>
```

以上结构代码创建了四个按钮用于控制列表中的节点，效果如图8-2所示。

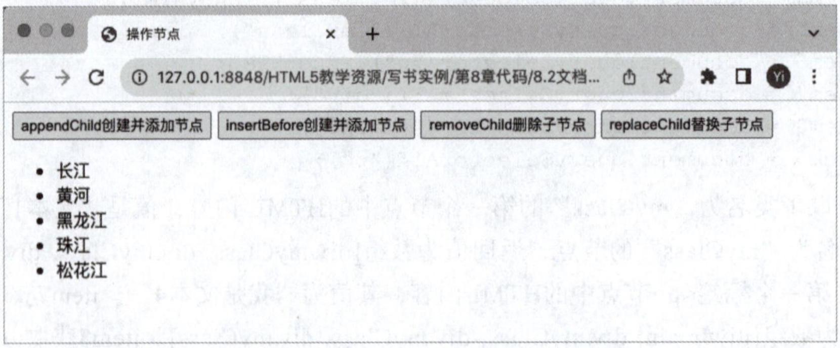

图 8-2 JavaScript 节点控制示例效果

为了让按钮具有对应的功能，需要为其绑定相关的操作函数，代码如下：

```
<script type="text/javascript">
    // 1. 创建节点
    function create(){
        var riverID = document.getElementById('river');
        var newA = document.createElement("li");  // 创建超链接节点
        newA.style.color='red';                   // 设置节点颜色
        newA.innerText='river'        // 设置节点中的内容，也可用 textContent 属性
        // 插入节点 appendChild()
        riverID.appendChild(newA);                // 将节点追加到 body 中
    }
    // 2. 插入节点 insertBefore(node1,node2)
    function create2(){
        var riverID = document.getElementById('river');
        var huangheID = document.getElementById("huanghe");
        var newA = document.createElement("li");  // 创建超链接节点
        newA.style.color='red';                   // 设置节点颜色
        newA.innerText='river';       // 设置节点中的内容，也可用 textContent 属性
        // 插入节点 pNode.insertBefore(node1, node2):
        // 将 node1 插入作为 pNode 的子节点，并 node1 排在已存在的子节点 node2 前
        riverID.insertBefore(newA, huangheID);
    }
    // 3. 删除节点
    function del(){
        var which = prompt('请输入删除第几个元素: ');      // prompt 输入提示框
        var num = parseInt(which)                 // 将输入的字符串转换为整型
        var riverID = document.getElementById('river');
        var riverAll = document.querySelectorAll('li');
        riverID.removeChild(riverAll[num - 1]);          // 删除节点
    }
    // 4. 替换节点
    function replace(){
        // replaceChild(a,b) 的调用者是要被替换的节点的父节点，a 是新的节点，b 是被
替换的节点。
        var riverID = document.getElementById('river');
        var newA = document.createElement("li");         // 创建超链接节点
        newA.style.color = 'green';                      // 设置节点颜色
        newA.innerText = 'new river';             // 设置节点中的内容
        var which = prompt('想替换第几个: ');       // prompt 输入提示框
        var num = parseInt(which)                 // 将输入的字符串转换为整型
        var riverAll = document.querySelectorAll('li');
        riverID.replaceChild(newA, riverAll[num-1])
    }
</script>
```

第一个按钮绑定了create()函数。通过document.createElement创建一个新的<li>节点，使用style.color设置节点文本的颜色为红色，并使用innerText设置节点文本内容为 "river"，最后通过appendChild将新节点追加到<ul>元素中。每点击一次按钮，会在页面列表的末尾自动添加一个红色的“river”字样的节点。

第二个按钮绑定了create2()函数。先获取river和huanghe节点的引用。再通过 document.

createElement创建一个新的<li>节点，并使用style.color设置节点文本的颜色为红色，使用innerText设置节点文本内容为“river”。最后使用insertBefore在huanghe节点之前插入新创建的节点。点击该按钮，会在“长江”与“黄河”两节点之间添加一个红色的“river”字样的节点。

第三个按钮绑定了del()函数。先使用prompt弹出输入框来接收用户输入的要删除的节点位置，通过parseInt将输入的字符串转换为整数。再获取river节点的引用以及所有的<li>子节点。使用removeChild从river节点中移除用户指定位置的节点。点击该按钮时会弹出输入弹框，当输入一个数字后，页面会自动删除对应位置的节点。

第四个按钮绑定了replace()函数。先获取id为“river”节点的引用。通过 document.createElement创建一个新的<li>节点，使用style.color设置节点文本的颜色为绿色，使用innerText设置节点文本内容为“new river”。使用prompt弹出输入框来接收用户输入的要替换的节点位置，并通过parseInt将输入的字符串转换为整数。获取所有的<li>子节点的引用，并使用replaceChild 来将新创建的节点替换为用户指定位置的节点。点击该按钮时弹出输入弹框，当输入一个数字后，会将对应序号的节点替换为创建的绿色“new river”字样的节点。

经验小贴士：

① DOM 操作是相对较慢的，因为它们会导致页面的重新渲染和回流。尽量避免在循环或事件处理程序中进行频繁的 DOM 操作，尤其是在大型数据集上。

②对于多个类似元素的事件监听，将事件监听器添加到它们的共同父元素上，然后通过事件对象来确定触发事件的具体子元素。这样可以减少事件监听器的数量，提高性能。

③从安全性上考虑，使用用户提供的数据或动态生成的内容时，务必进行输入验证和防止跨站脚本攻击（XSS）。

单元三　浏览器对象模型 BOM

8.3.1　窗口操作

视频　窗口操作

JavaScript可以用于操作浏览器窗口，包括打开新窗口、关闭窗口、调整窗口大小等。具体方法见表8-4。

表 8-4　JavaScript 窗口控制的方法

方　法	描述和用途
window.open(url, name, specs, replace)	打开一个新的浏览器窗口
window.close()	尝试关闭当前浏览器窗口
window.resizeTo(width, height)	调整当前窗口的大小为给定的宽度和高度
window.resizeBy(widthDelta, heightDelta)	基于当前窗口的宽度和高度，增加或减少给定的像素值
window.moveTo(x, y)	将当前窗口移动到给定的横坐标和纵坐标位置
window.moveBy(xDelta, yDelta)	基于当前窗口的横坐标和纵坐标，增加或减少给定的像素值

下面以在页面中创建五个控制窗口的按钮为例，展示JavaScript操作窗口的示例代码，如下：

```
    <body>
        <button onclick="openNewWindow()">打开一个新的窗口 w1，载入新的文档</button>
        <button onclick="openOldWindow()">打开已存在的窗口 w1，替换掉里面的文档</button>
        <button onclick="blankWindow()">打开空白窗口，值为 _blank</button>
        <button onclick="selfWindow()">在自身窗口中打开，值为 _self</button>
        <button onclick="closeWindow()">关闭窗口</button>
        <script>
            var w;
            function openNewWindow() {
                w = window.open("http://www.baidu.com",  "w1", "width=600,
height=500");
            }
            function openOldWindow() {
                window.open("http://12371.cn", "w1");
            }
            function blankWindow() {
                window.open("http://www.people.com.cn/", "_blank");
            }
            function selfWindow() {
                window.open("https://www.youth.cn/", "_self");
            }
            function closeWindow(){
                w.close()
            }
        </script>
    </body>
```

这些JavaScript函数使用了不同的窗口操作方法，包括打开新窗口、载入不同的文档以及关闭窗口。每个函数与一个按钮相关联，当按钮被点击时，相应的窗口操作将被触发。当点击第一个按钮时，它将打开一个新的浏览器窗口，该窗口会载入百度网页，窗口的名称为“w1”，并且设置了窗口的大小为宽度600 px、高度500 px。当点击第二个按钮时，会在之前打开的名为“w1”的窗口中加载12371.cn网页。当点击第三个按钮时，它将在一个新的浏览器标签页中打开人民网的网页。当点击第四个按钮时，它将在当前浏览器窗口中载入中国青年网的网页（https://www.youth.cn/）。当点击第五个按钮时，它将尝试关闭之前通过openNewWindow()函数打开的窗口。窗口控制页面效果如图8-3所示。

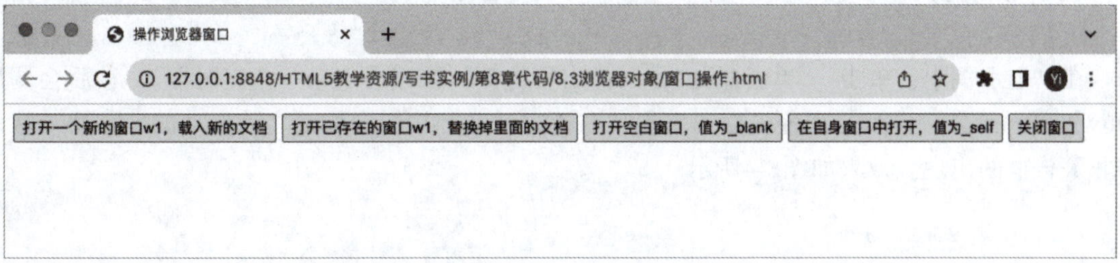

图 8-3　窗口控制页面效果

8.3.2　制作定时器

JavaScript中的定时器允许在一段时间后执行代码，或者以一定的间隔重复执行代码。这对于创建动画、定时更新内容以及执行后台任务等非常有用。在JavaScript中，有两种主要的定时器：

一般定时器（setTimeout）和循环定时器（setInterval）。JavaScript中定时器方法详细描述见表8-5。

表 8-5 JavaScript 定时器方法

方　法	描述和用途
setTimeout(function, delay)	在指定的延迟时间后执行一次给定的函数或代码
setInterval(function, delay)	按照指定的时间间隔重复执行给定的函数或代码
clearTimeout(timeoutID)	取消一个由 setTimeout 创建的定时器，阻止函数执行
clearInterval(intervalID)	取消一个由 setInterval 创建的定时器，停止重复执行函数

1. 一般定时器

一般定时器是用方法setTimeout()进行定义，允许在指定的时间之后执行一次代码。语法结构如下：

视 频

定时器

```
const timeoutID = setTimeout(function, delay);
```

参数function指要执行的函数或代码块，参数delay指延迟的毫秒数，表示多久后执行函数。示例代码如下：

```
<body>
    <button onclick="timer()">
        单击此处 3 秒后弹出警告框
    </button>
    <button onclick="removeTime()">取消定时器</button>
    <script>
        var setTime;
        //定时器函数
        function timer() {
            setTime = window.setTimeout(showAlert, 3000);
        }
        function showAlert() {
            window.alert("警告框");
        }
        // 取消定时器
        function removeTime(){
            window.clearTimeout(setTime);
        }
    </script>
</body>
```

在以上示例中，单击“单击此处3秒后弹出警告框”按钮会启动一个定时器，3秒后会调用showAlert()函数，显示一个警告框。单击“取消定时器”按钮会取消之前启动的定时器，从而防止警告框的出现。效果如图8-4所示。

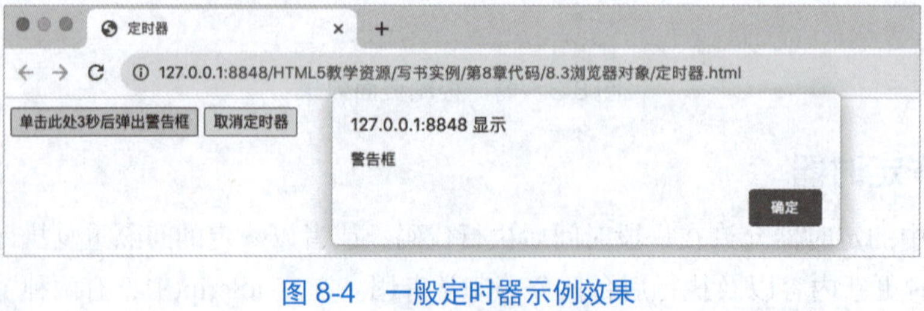

图 8-4 一般定时器示例效果

2. 循环定时器

视 频

循环定时器

在JavaScript中，可以使用setInterval()和clearInterval()函数来创建一个循环定时器。setInterval()函数用于按照指定的时间间隔循环执行一个函数，其语法结构如下：

```
let intervalId = setInterval(function, delay);
```

参数function是指一个要重复执行的函数，参数delay是指每次执行该函数的时间间隔（以ms为单位）。循环定时器的示例代码如下：

```
<body>
    <button onclick="updateTime()">开始更新时间</button>
    <button onclick="stopTime()">停止更新时间</button>
    <p id="timeContainer"></p>
    <script>
        var setTime;
        function updateTime () {
            setTime = window.setInterval(showTime, 1000);
        }
        function showTime () {
            document.getElementById("timeContainer").innerText=new Date();
        };
        // 停止更新
        function stopTime(){
            window.clearInterval(setTime);
        }
    </script>
</body>
```

以上代码创建了两个按钮分别用于开始和停止更新当前时间的显示，展示了如何使用setInterval()和clearInterval()方法来控制循环定时器。当点击“开始更新时间”按钮时，会调用updateTime()函数创建一个新的定时器，使用window.setInterval()来定期（每秒）执行showTime()函数。其作用是获取当前时间并将其作为字符串插入到 id 为“timeContainer”的<p>元素中。从而实现时间不断更新。当点击“停止更新时间”按钮时，调用stopTime() 函数，使用window.clearInterval()来停止定期执行showTime()函数，从而实现暂停更新时间的效果，如图8-5所示。

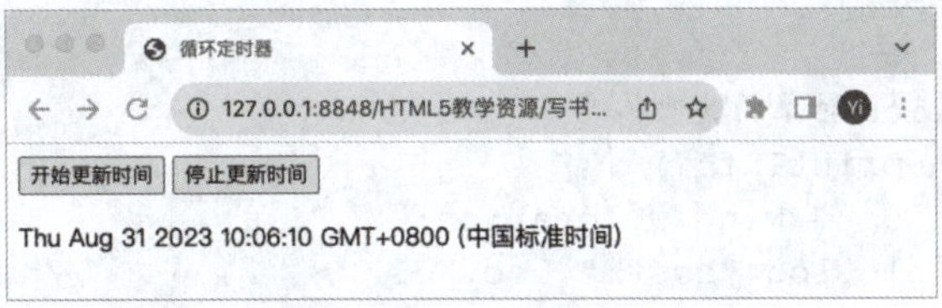

图 8-5 循环定时器示例效果

8.3.3 location对象

location对象是JavaScript中的一个内置对象，用于获取和操作浏览器当前页面的URL信息。它提供了许多属性和方法，可以让您获取、修改和操作浏览器的地址栏URL。属性和方法见表8-6。

表 8-6 location 对象的属性与方法

属性和方法	描述
location.href	获取或设置完整的 URL
location.protocol	获取或设置协议部分，如 “http:” 或 “https:”
location.host	获取或设置主机部分，包括域名和端口号
location.hostname	获取或设置域名部分
location.port	获取或设置端口号部分
location.pathname	获取或设置路径部分，不包括查询字符串和哈希值
location.search	获取查询字符串部分，包括问号
location.hash	获取或设置 URL 中的哈希值部分
location.assign(url)	将页面导航到指定的 URL
location.replace(url)	替换当前页面的 URL，不会产生浏览器历史记录
location.reload()	重新加载当前页面
location.reload(true)	强制从服务器重新加载页面，不使用缓存
location.toString()	返回完整的 URL

location对象的示例代码如下：

```
<body onload="printInfo()">
    <select id="linkSelect" onchange="redirectToPage()">
    <option value="">选择一个链接</option>
    <option value="https://www.youth.cn/">中青网</option>
    <option value="http://www.people.com.cn/">人民网</option>
    <option value="http://www.china.com.cn/">中国网</option>
    </select>
    <script>
        // 实现选项链接切换
        function redirectToPage() {
            var select = document.getElementById("linkSelect");
            var selectedValue = select.value;
            // location 对象实现跳转
            if(selectedValue !== "") {
                window.location.href = selectedValue;
            }
        }
        // location 对象的其他属性
        function printInfo() {
            var loc = window.location;
            console.log("host:"+loc.host);              // 主机名地址
            console.log("hostname:"+loc.hostname);  // 主机名
            console.log("pathname:"+loc.pathname);  // 路径
            console.log("port:"+loc.port);              // 端口
            console.log("protocal:"+loc.protocal);  // 协议
            console.log("search:"+loc.search);      // 问号开始的查询部分
        }
    </script>
</body>
```

该示例页面中包含一个下拉选择框，允许用户选择不同的选项链接，并使用location 对象实现跳转。在body标签上绑定了onload事件，当页面加载时会调用printInfo()函数，该函数输出了location对象的一些属性，如主机名、主机名地址、路径、端口、协议、查询部分等。页面中的下拉选择框带有一些选项，当用户选择一个选项时，将调用redirectToPage()函数。redirectToPage()函数通过获取选择框的值，使用window.location.href实现了跳转到所选链接的功能。页面示例效果如图8-6所示。

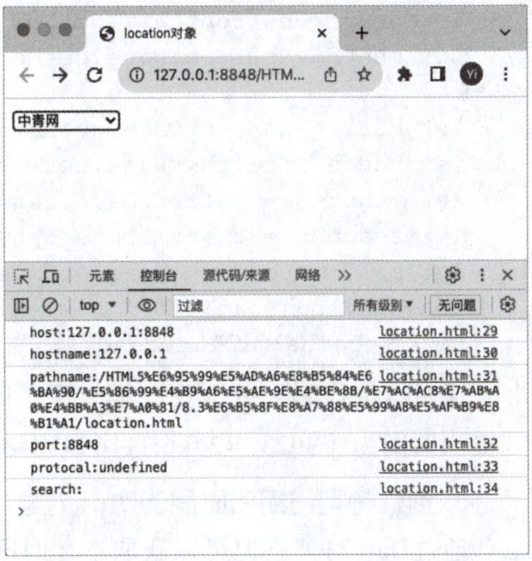

图 8-6　用 location 对象实现下拉菜单跳转的示例效果

经验小贴士：

①如果在浏览器中打开多个窗口或标签页，每个窗口都有自己的 window 对象。要实现不同窗口之间的通信，可以使用 localStorage、sessionStorage 或 window.postMessage() 等方法。

②如果不适当地清除定时器，可能会导致内存泄漏，所以应在不需要定时器时，要使用 clearInterval() 或 clearTimeout() 方法清除它们。

③使用 location.href 或 window.location.href 来进行页面跳转前，确保当前页面已经处理完所有必要的操作，因为页面跳转后当前页面的代码不再执行。

单元四　综合实践——制作倒计时器

8.4.1　Date对象

在JavaScript中，Date对象用于表示和处理日期和时间。可以使用Date对象来执行各种日期和时间操作，例如获取当前日期和时间、设置特定日期和时间、格式化日期和时间等。

1. 获取当前日期和时间

在JavaScript中，可以使用Date对象来创建一个对象实例，用以获取当前日期和时间，代码如下：

```
let currentDate = new Date();
console.log(currentDate);
```

运行以上代码会在控制台上打印出当前的日期和时间：Fri Sep 01 2023 23:49:30 GMT+0800（中国标准时间）。

2. 获取日期和时间的各个部分

JavaScript的Date对象获取本地时间默认输出的是（GMT）格林尼治标准时间，想要格式化这个日期和时间，可以使用一些内置的函数来获取年、月、日、时、分、秒等部分，示例代码如下：

```
let currentDate = new Date();                    // 实例化日期对象
```

```
    let year = currentDate.getFullYear();       // 年份
    let month = currentDate.getMonth() + 1;     // 月份，注意月份是从 0 开始的，所以需
要 +1
    let date = currentDate.getDate();           // 日期
    let hours = currentDate.getHours();         // 小时
    let minutes = currentDate.getMinutes();     // 分钟
    let seconds = currentDate.getSeconds();     // 秒
    let millisecond =  currentDate.getTime(); // 毫秒
    console.log(year + "-" + month + "-" + date + " " + hours + ":" + minutes
+ ":" + seconds+millisecond );
```

通过以上代码，分别获取年、月、日、时、分、秒、微秒各个部分，控制台按自定义的格式输出时间为：2023-9-2 0:6:111693584371095。输出的时间取决于当前系统的日期和时间。

3. 创建特定日期和时间的Date对象

通过Date对象不但可以获取本地时间，还可以设置一个特定的日期和时间对象，示例代码如下：

```
const specificDate = new Date('2023-11-11 00:00:00');
console.log(specificDate);
```

控制台打印出设置的特定时间对象为：Sat Nov 11 2023 00:00:00 GMT+0800（中国标准时间）。

4. 设置日期和时间的各个部分

Date对象提供了可以分别设置年、月、日、时、分、秒的方法，示例代码如下：

```
const date = new Date();
date.setFullYear(2024);
date.setMonth(11);             // 11 表示十二月
date.setDate(25);
date.setHours(10);
date.setMinutes(30);
date.setSeconds(0);
console.log(date);
```

运行以上代码，将从控制台输出所设定的时间为：Wed Dec 25 2024 10:30:00 GMT+0800（中国标准时间）。

5. 格式化日期和时间

可以使用Date对象提供的方法来格式化日期和时间。toLocaleString()方法会根据用户的本地设置返回一个格式化后的日期和时间字符串。toLocaleDateString()和toLocaleTimeString()方法用于分别格式化日期和时间部分，示例代码如下：

```
    const currentDate = new Date();
    const formattedLocaleDate = currentDate.toLocaleString(); // 根据用户的本地设
置格式化
    const formattedDate = currentDate.toLocaleDateString();
    const formattedTime = currentDate.toLocaleTimeString();
    console.log(formattedLocaleDate);       // 按本地格式输出当前日期和实践
    console.log('Date:', formattedDate);  // 按本地格式输出当前日期
    console.log('Time:', formattedTime);  // 按本地格式输出当前时间
```

运行以上代码控制台输出效果如图8-7所示，具体时间取决于当前的日期和时间。

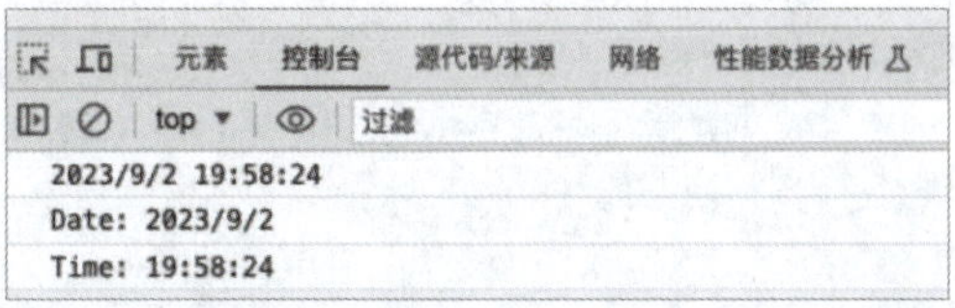

图 8-7　控制台输出格式化日期和时间的示例效果

6. 自定义日期和时间格式

padStart()函数用于在字符串的开头（左侧）添加指定的字符，直到字符串达到指定的长度。这个方法通常用于格式化文本，确保文本达到特定的宽度或填充特定的字符。使用padStart()函数可以自定义日期时间格式。示例代码如下：

```
const currentDate = new Date();
const year = currentDate.getFullYear();
const month = String(currentDate.getMonth() + 1).padStart(2, '0'); // 添加前导零，凑成两位。
const day = String(currentDate.getDate()).padStart(2, '0');
const hours = String(currentDate.getHours()).padStart(2, '0');
const minutes = String(currentDate.getMinutes()).padStart(2, '0');
const seconds = String(currentDate.getSeconds()).padStart(2, '0');
const CustomformattedDate = `${year} - ${month} - ${day} ${hours}:${minutes}:${seconds}`;
console.log(CustomformattedDate);
```

字符串模板 ${year}-${month}-${day} ${hours}:${minutes}:${seconds}是一种常见的方式来格式化日期和时间，其中 ${}语法用于在字符串中插入变量的值。控制台输出的自定义格式是：2023-09-02 20:06:43（这取决于当前的日期和时间）。

7. 计算日期差异

倒计时器往往是通过计算两个Date实例之差得到的。示例代码如下：

```
const today = new Date();
const futureDate = new Date('2024-01-01');
const timeDifference = futureDate - today; // 得到毫秒数
const daysDifference = Math.floor(timeDifference / (1000 * 60 * 60 * 24)); // 计算天数差异
console.log("距离元旦节还有: "+daysDifference+" 天");
```

Math.floor()函数用于向下取整，即将一个浮点数向下舍入为最接近但小于或等于它的整数。通过对两个Date实例之差得到的毫秒数换算为天数，再结合Math.floor()方法对结果向下取整，最后在控制台中打印输出：距离元旦节还有：119天。实际天数将取决于当前的日期和时间。

8.4.2　任务实践

【任务背景】倒计时器是一种有用的工具，可以在各种情境下帮助用户管理时间、提供信息、增加互动性和改善用户体验。它们通常用于强调时间限制，激发行动，或者提供有关未来事件的信息，可以用于各种场景，如秒杀和特价促销、竞拍活动、游戏比赛倒计时等。

【任务要求】为2024年“双11”活动制作一个秒杀倒计时器。以系统本地时间作为倒计时起点，以2024年11月11日0时0分作为倒计时终点。利用HTML、CSS及JavaScript制作动态的倒计时器，整体效果如图8-8所示。

图 8-8　秒杀倒计时器页面效果

【任务实施】

1. 结构代码

秒杀倒计时器的结构包括一个标题和倒计时动态显示的四个文本区域，参考代码如下：

```
<div class="countdown">
    <h1>秒杀倒计时</h1>
    <div id="timer" class="timer">
        <span id="days">00</span>天
        <span id="hours">00</span>:
        <span id="minutes">00</span>:
        <span id="seconds">00</span>
    </div>
</div>
```

【代码解析】整个内容包含于类名为“countdown”的div中，用h1标签显示标题，id为“timer”的div用于包含倒计时内容，分别id用“days”“hours”“minutes”“seconds”来显示倒计时的文本内容的动态变化。

2. 样式代码

秒杀倒计时器样式参考代码如下：

```
<style>
 body {
     display: flex;
     align-items: center;
     justify-content: center;
     height: 100vh;
     padding: 0;
     margin: 0;
     font-family: Arial, sans-serif;
     background-color: #f5f5f5;
 }
 .countdown {
     padding: 20px;
     text-align: center;
     background-color: #fff;
     border-radius: 5px;
     box-shadow: 0 0 10px rgba(0, 0, 0, .2);
```

```
    }
    .timer {
        font-size: 36px;
        font-weight: bold;
    }
    span {
        padding: 5px;
        color: white;
        background-color: #f44336;
        border-radius: 3px;
    }
    h1 {
        margin-top: 0;
        font-size: 24px;
    }
</style>
```

【代码解析】

设置body样式规则，display: flex将<body>元素设置为弹性布局，通常用于垂直和水平居中内容。align-items: center和 justify-content: center将内容垂直和水平居中显示。定义height: 100vh，设置页面高度为视口高度的100%，确保页面充满整个视口。去除默认的内边距和外边距。设置页面背景颜色为浅灰色（#f5f5f5）。

设置外层盒子类为“countdown”的样式，设置倒计时容器的内边距为20 px，增加内容的内边距空间。使倒计时容器内的文本居中对齐。设置倒计时容器的背景颜色为白色。设置倒计时容器的边框半径为5 px，创建圆角边框效果。真实box-shadow: 0 0 10 px rgba(0, 0, 0, .2)用于添加一个轻微的阴影效果，使倒计时容器看起来有一些立体感。

设置“timer”类的样式，定义倒计时数字的字体大小为36 px。将字体设置为粗体。设置span样式，用于显示变化的文本内容。首先设置<span>元素的内边距为5 px，增加文本周围的空间。将文本颜色设置为白色。将背景颜色设置为深红色（#f44336）。设置边框半径为3 px，使<span>元素的边角变得圆滑。

设置h1样式，移除<h1>元素的上边距，确保标题顶部不留空白。设置标题的字体大小为24像素。

3. 脚本代码

倒计时器的倒计时功能是用JavaScript实现的，参考脚本如下：

```
<script>
 function updateTimer() {
     const targetDate = new Date('2023-11-11 00:00:00').getTime();
     const now = new Date().getTime();
     const timeRemaining = targetDate - now;
     if(timeRemaining <= 0) {
         document.getElementById('timer').innerHTML = '<span>秒杀已结束
</span>';
     } else {
         const days = Math.floor((timeRemaining / (1000 * 60 * 60 * 24)))
         const hours = Math.floor((timeRemaining % (1000 * 60 * 60 * 24)) /
(1000 * 60 * 60));
```

```
            const minutes = Math.floor((timeRemaining % (1000 * 60 * 60)) /
(1000 * 60));
            const seconds = Math.floor((timeRemaining % (1000 * 60)) / 1000);
            document.getElementById('days').textContent = days.toString().
padStart(2, '0');
            document.getElementById('hours').textContent = hours.toString().
padStart(2, '0');
            document.getElementById('minutes').textContent = minutes.toString().
padStart(2, '0');
            document.getElementById('seconds').textContent = seconds.toString().
padStart(2, '0');
        }
    }
    setInterval(updateTimer, 1000); // 每秒更新倒计时
    updateTimer(); // 初始化页面时立即更新倒计时
</script>
```

【代码解析】以上代码创建一个秒杀倒计时器，计算并实时更新距离指定日期和时间的剩余时间。它通过每秒调用updateTimer()函数来更新倒计时的显示，以确保在页面上实时显示剩余时间。

updateTimer()函数用于计算并更新倒计时的显示。定义了targetDate变量保存目标日期和时间（在本例中为2023年11月11日 00:00:00）的毫秒表示。定义now变量保存当前日期和时间的毫秒表示。定义timeRemaining变量计算目标日期和当前日期之间的时间差，以毫秒为单位。如果 timeRemaining 小于等于0，表示倒计时已结束，将倒计时器的内容设置为“秒杀已结束”。否则，计算剩余的天数、小时、分钟和秒数，并将它们更新到相应的HTML元素中。

使用setInterval()函数每秒调用一次 updateTimer 函数，以便在倒计时器中实时更新显示的时间。这确保了倒计时器每秒钟都会更新一次。在页面加载时，脚本会立即调用 updateTimer函数，以初始化倒计时的显示。这确保了页面加载后立即显示正确的倒计时。

经验小贴士：

①JavaScript 中的月份是从 0 开始的，即 0 表示一月，1 表示二月，以此类推，11 表示十二月。这可能会导致混淆，所以在使用月份时要加 1。

②可以使用第三方库来格式化日期和时间。date-fns 和 moment.js 是比较流行的日期和时间处理库，它们提供了丰富的功能来解析、格式化和操作日期和时间。

③不同浏览器在处理 Date 对象的某些行为方面可能存在差异，因此在跨浏览器开发时需要进行测试和处理。

小　结

本模块涵盖了JavaScript中的字符串操作、DOM节点操作、BOM窗口控制、定时器、location对象以及Date对象的日期和时间处理。

本模块详细介绍了字符串的常用处理函数，如indexOf()、lastIndexOf()、charAt()、slice()、substring()等，并比较了字符串与数组处理方法的异同。讲解了DOM节点的获取与操作方法，包括通过getElementById、getElementsByClassName、querySelector等方法获取节点，

以及如何创建、插入、删除和替换节点。在BOM部分，介绍了如何通过window.open、window.close等方法控制浏览器窗口，以及如何使用setTimeout和setInterval创建定时器。此外，本模块还详细讲解了location对象的属性和方法，用于操作浏览器的URL。最后，通过Date对象的应用，展示了如何获取、设置和格式化日期与时间，并通过倒计时器的综合实践案例，展示了如何将这些知识点应用于实际开发中。

习 题 8

一、单项选择器

1. 下面不属于关键字let的特点的是（　　）。

A. 只在let命令所在的代码块内有效

B. 会产生变量提升现象

C. 同一个作用域，不能重复声明同一个变量

D. 不能在函数内部重新声明参数

2. 分析js代码，以下语句一定会产生运行错误的是（　　）。

A. var_变量=NaN　　B. var2bj=[]　　C.varobj=//　　D. varobj={}

3. 分析js代码，foo对象有att属性，那么以下获取att属性值的表达式中，错误的是（　　）。

A. foo.att　　B. foo["att"]

C. foo{"att"}　　D. foo["a"+"t"+"t"]

4.（　　）方法用于检索字符串中指定位置的字符。

A. charAt()　　B. indexOf()　　C. replace()　　D. split()

5. 若x, y为int型变量，则执行以下语句后，y的值为（　　）。

```
x = 1;
++x;
y = x++;
```

A. 1　　B. 2　　C. 3　　D. 以上都不正确

二、多项选择题

1. 下列选项中，可以删除数组元素的函数是（　　）。

A. array_push()　　B. array_pop()　　C. array_shift()　　D. array_unshift()

2. 浏览器对象模型（BOM）提供了（　　）对象来操作浏览器窗口。

A. Window　　B. document　　C. navigator　　D. location

3. window.open()方法可以用于（　　）。

A. 打开一个新的浏览器窗口　　B. 加载一个新的网页

C. 关闭当前浏览器窗口　　D. 检测用户的操作系统信息

3. JavaScript中常用的定时器方法有（　　）。

A. setTimeout()　　B. setInterval()　　C. setTimer()　　D. setDelay()

4. 下列关于setInterval()方法的功能说明描述中，不正确的是（　　）。

A. 在指定的时间后执行一次函数　　B. 每隔一段时间重复执行函数

C. 设置定时器的时间间隔　　D. 清除定时器

三、判断题

1. indexOf()方法返回指定字符串在目标字符串中第一次出现的索引。 ( )
2. window对象表示当前浏览器窗口。 ( )
3. document对象提供对网页内容的访问和操作。 ( )
4. setTimeout()方法用于创建定时器，定时执行指定的函数。 ( )
5. toUpperCase()方法用于将字符串转换为小写。 ( )
6. navigator对象提供有关浏览器的信息。 ( )
7. substring()方法用于从目标字符串中提取指定范围的子字符串。 ( )
8. clearTimeout()方法用于清除定时器。 ( )
9. length属性用于获取数组的长度。 ( )
10. setInterval()方法用于在指定时间间隔内重复执行函数。 ( )